中等职业教育规划教材
全国建设行业中等职业教育推荐教材

房屋修缮基础

（工业与民用建筑专业）

主　编　王怀珍
主　审　黄志洁

中国建筑工业出版社

图书在版编目（CIP）数据

房屋修缮基础/王怀珍主编. —北京：中国建筑工业出版社，2005

中等职业教育规划教材. 全国建设行业中等职业教育推荐教材. 工业与民用建筑专业

ISBN 978-7-112-07590-4

Ⅰ. 房… Ⅱ. 王… Ⅲ. 建筑物-维修-专业学校-教材 Ⅳ. TU746.3

中国版本图书馆 CIP 数据核字（2005）第 146098 号

本书是根据建设部颁布的中等职业工业与民用建筑专业和村镇建设专业毕业生业务规格、专业教学计划、房屋修缮基础课程教学大纲编写的，是工业与民用建筑专业系列教材之一。

本书共六章，主要内容包括房屋的查勘与鉴定、混凝土结构的修缮、砖砌体结构的维修、房屋防水的维修、房屋的装饰维修以及房屋维修的管理等。

本书突出了职业教育特点，图文并茂，通俗易懂，强调应用。本书可作为中等职业学校工业与民用建筑专业教材，也可适用于相关行业的培训教材或自学用书。

* * *

责任编辑：朱首明　刘平平
责任设计：赵　力
责任校对：李志瑛　张　虹

中等职业教育规划教材
全国建设行业中等职业教育推荐教材
房屋修缮基础
（工业与民用建筑专业）
主　编　王怀珍
主　审　黄志洁

*

中国建筑工业出版社出版、发行(北京西郊百万庄)
各地新华书店、建筑书店经销
霸州市顺浩图文科技发展有限公司
北京密东印刷有限公司印刷

*

开本：787×1092 毫米　1/16　印张：6¼　字数：152 千字
2006 年 1 月第一版　2013 年 1 月第三次印刷
印数：4501—6000 册　定价：**10.00** 元
ISBN 978-7-112-07590-4
(13544)

版权所有　翻印必究
如有印装质量问题，可寄本社退换
（邮政编码　100037）

前　言

本教材是根据建设部颁布的中等职业工业与民用建筑专业和村镇建设专业毕业生业务规格、专业教学计划、房屋修缮基础课程教学大纲编写的，是工业与民用建筑专业系列教材之一。

本书作为工业与民用建筑专业的课程，以《民用建筑修缮工程查勘与设计规程》（JGJ 117—98）为依据，吸收了国内房屋修缮的新技术。在房屋维修技术的内容安排上，从基本知识入手，介绍了房屋质量缺陷的表现，产生的原因，检查办法，维修及加固方法，及其管理措施。本书把提高学生的职业能力放在突出的位置，文图并茂，通俗易懂，在教学内容安排上尽量突出实用性。

本书共六章，主要内容包括房屋的查勘与鉴定、混凝土结构的修缮、砖砌体结构的维修、房屋防水维修和房屋装饰维修，以及房屋维修的管理等。教学课时数为60学时，各章学时分配见下表（供参考）。

章　次	内　　容	学　时
第1章	绪论	4
第2章	房屋的查勘与鉴定	8
第3章	混凝土结构房屋的修缮	14
第4章	砖砌体结构的维修	12
第5章	房屋防水的维修	12
第6章	房屋的装饰维修	10

本教材由王怀珍（高级讲师、国家一级注册结构工程师）担任主编。参加编写的有：江苏省常州建设高等职业技术学校黄爱清讲师（第1、6章）；云南建设学校金煜高级讲师（第2、4章）；抚顺市建筑工业学校王怀珍高级讲师（第3章）；广州市建筑工程学校胡晓东讲师（第5章）。

本教材由广州市土地房产管理学校黄志洁高级讲师担任主审。

本教材在编写过程中，参考了许多资料，在此向有关作者表示感谢。由于编者水平有限，书中难免有不足之处，恳请读者批评指正。

目 录

第一章 绪论 ·· 1
  复习思考题 ·· 11
第二章 房屋的查勘与鉴定 ·· 12
  第一节 概述 ·· 12
  第二节 房屋完损等级的评定方法 ··· 14
  第三节 危险房屋的鉴定 ·· 20
  复习思考题 ·· 25
第三章 混凝土结构房屋的修缮 ·· 26
  第一节 钢筋混凝土的一般知识及结构设计原则 ························· 26
  第二节 钢筋混凝土基本构件破坏形态及构造要求 ····················· 29
  第三节 钢筋混凝土结构的缺陷及检查 ······································ 33
  第四节 钢筋混凝土结构的维修 ·· 35
  第五节 混凝土结构加固与补强 ·· 36
  复习思考题 ·· 49
第四章 砖砌体结构的维修 ·· 50
  第一节 砖砌体结构的一般知识 ·· 50
  第二节 砖砌体结构耐久性破坏的主要表现及防治 ····················· 54
  第三节 砖砌体的裂缝 ·· 55
  第四节 砖砌体结构的维修与加固 ··· 57
  复习思考题 ·· 62
第五章 房屋防水的维修 ··· 63
  第一节 屋面防水的维修 ·· 63
  第二节 墙体渗漏的修缮 ·· 72
  第三节 厨房、卫生间渗漏的维修 ··· 74
  第四节 地下室渗漏的维修 ··· 76
  复习思考题 ·· 81
第六章 房屋的装饰维修 ··· 82
  第一节 抹灰基层的维修 ·· 82
  第二节 墙体饰面的维修 ·· 82
  第三节 楼地面的维修 ·· 87
  第四节 吊顶工程的维修 ·· 90
  第五节 门窗的维修 ··· 91
  第六节 细木作制品的维修 ··· 94
  复习思考题 ·· 95
参考文献 ·· 96

第一章 绪 论

一、房屋维修技术的研究对象、特点和重要意义

1. 房屋维修技术的研究对象和特点

房屋维修技术是建筑施工技术的分支,它是研究利用房屋建筑的已有功能、质量和技术条件,根据国家的建筑方针,因地制宜把已有的房屋维修得更好、更合理的一门技术。虽然属于建筑工程的范畴,但与新建工程有很大的区别。主要表现为以下几方面:

(1) 局限性

新建工程是根据施工图纸施工,是在施工现场"三通一平"完成以后,才开始进行。如果施工现场与图纸不符,可以采取一定的措施进行修改。而维修工程是在已建工程上进行技术处理,必然受到结构上、技术上、空间上等诸多方面的影响。

(2) 复杂性

新建工程是根据施工图纸从基础到主体有步骤的按图施工,而维修工程是在已建工程的某一部位进行局部的处理。局部的处理又必然受到房屋整体的影响,考虑的因素多,因此维修技术的要求比新建工程的要求更高、更复杂。

(3) 危险性

新建工程施工时,房屋尚未投入使用,结构荷载尚未完全形成。而维修工程施工时,房屋已经使用,结构荷载已完全形成,而且隐蔽工程较多,如果稍有不慎,带来的危险和损失就非常大。

(4) 工程项目零星

新建工程施工时每个分项工程的工程量一般都比较多,可以按施工组织设计的要求进行,而维修工程的工程量一般都比较少,而且分散、零星,很难进行合理的组织,因而消耗人工较多。

2. 房屋维修工作的任务和意义

房屋维修工作是监督房屋的合理使用,防止房屋结构、设备非正常人为损坏或损耗,提高房屋完好率,对房屋进行查勘,根据修缮设计方案进行维修。是保证房屋安全、适用和耐久的重要措施,不仅能延长房屋的使用寿命,而且还能缓解房屋紧张的状况,充分发挥投资效果,节约维修资金,也是关系到千家万户的安居乐业的大事,因此各级相关部门必须高度重视。

二、房屋维修的方针、原则和标准

房屋维修应在"安全、经济、适用,在可能的条件下注意美观"这个总方针下进行,并应遵守房屋维修工作的原则。同时在实际操作中还必须遵循从实际出发,与国民经济发展水平相适应的原则。如凡是有保留价值的房屋和结构基本完好的房屋,应加强维修养护;对于主体结构损坏严重,环境恶劣的房屋,尽量维持房屋的不漏、不塌,进行简单的维修,以待改建;对于影响居住安全和正常使用的危损房屋,必须及时组织抢修和补漏。同时还要努力提高房屋维修的经济效益、社会效益和环境效益。

房屋维修的标准是在房屋维修的原则的基础上制定的。建设部颁布的《房屋修缮范围和标准》，是根据我国的实际情况，按不同的结构、装修、设备条件，把房屋分成一等和二等两类，对不同等级的房屋规定了相应的维修标准，并要求凡修缮施工都必须按建设部颁布的《房屋修缮工程质量检验评定标准》的规定执行。

三、房屋维修的内容、分类和工作分工

1. 房屋维修的一般内容

房屋维修工程有大有小，有简单有复杂，有简单的面层修补，也有复杂的结构加固和补强，同样随着人民生活水平的不断提高也有改变用途的改造装饰等，因此房屋维修除了维护和恢复房屋原有功能这个基本内容外，还有对房屋进行改善和创新的内容。

2. 房屋维修的工程分类

房屋在自然环境中，经常受到风蚀、日晒、雨淋、冰冻、污染、虫灾等自然灾害和人为使用影响，房屋由新变旧，逐渐受到不同程度损坏。为了更准确地划分修缮工程责任，按房屋的完损状况为依据，按房屋的工程规模、结构和经营管理进行分类。

（1）按工程规模划分

1) 翻修：是指需全部拆除，另行设计，重新建造的工程。

2) 大修：是指需要牵动或拆换部分主体结构的工程，但不需要全部拆除的修缮工程，大修后的房屋质量必须达到基本完好或完好标准。

3) 综合维修：是指成片多幢（或单幢）房屋同时进行大、中、小修的工程，修缮后的工程质量必须达到基本完好或完好标准。

4) 中修：是指只需要牵动或拆除少量主体构件的工程，保持原房的规模和结构的修缮工程，中修工程主要适用于一般损坏房屋。

5) 小修：是指修复小损小坏，保持房屋原来完损等级的日常性养护工程；小修工程是物业管理中最常见的一项日常性养护工作。

（2）按房屋结构划分

1) 结构维修养护：是指对房屋的基础、梁、柱、承重墙及楼面的基层等主要受力部位进行的养护。

2) 结构部分的维修养护：是指对房屋的门窗、粉刷、油漆、非承重墙、楼地面和屋顶的面层、上下水管道和附属设施等的维修养护。

3. 房屋维修工程工作程序

房屋维修工程和新建工程一样必须遵循一定的程序，房屋维修工程工作程序如下：

查勘→鉴定→设计→工程预算→工程报建→搬迁住户→工程招、投标→维修施工→工程验收→工程资料归档。

各过程的详细内容将在后面的章节中介绍，此外在实施过程中还必须认真熟悉有关的法规和规程，协调施工中涉及到的相关部门、单位、住户之间的关系，编制周密的维修施工作业计划和施工安全措施，确保施工进度和工程质量及安全。

4. 房屋维修资金的落实

房屋维修资金是保证房屋维修工程正常进行的基础，在实际施工中维修资金落实的渠道可从以下几方面进行：

1) 直管公房修缮资金的筹措，可以通过下列途径：

A. 房租收入中应当用于房屋修缮的部分；
B. 从城市维护建设资金中适当划拨；
C. 本系统多种经营收入的部分盈余；
D. 法规和政策允许用于房屋修缮的其他资金。

2）单位自管房的修缮资金，由单位自行解决。

3）私有房屋的修缮资金，由房屋所有人自行解决。用于出租的私有房屋，其所有人筹集修缮资金确有困难的，按照《城市私有房屋管理条例》的有关规定执行。

四、房屋维修工程管理

房屋维修工程管理是指维修工程施工管理、工程监督管理、工程质量管理、工程验收管理、技术档案管理等工作。

（一）房屋维修工程施工管理

房屋维修工程施工管理是指房屋维修过程中的各项管理工作，通过对维修工程中的人、财、物和施工方法等进行合理而科学的安排，以获得投入少，工期短、质量好、效益高的最佳修缮效果。施工过程中始终应坚持经济性、适应性、科学性和均衡性的基本原则。

1. 维修工程施工管理的内容

维修工程施工管理的内容主要包括施工准备和组织、施工计划、施工控制、施工管理规定等内容，只有做好各项工作，才能实现施工生产管理目标。

（1）施工准备和组织

施工准备和组织是指施工活动中的人、财、物、技术的组织和调度，其主要内容有施工方案和方法的制定、工地现场的布置、施工过程的组织、施工方案的研究、人员的组织、料具的管理、设备的管理、安全生产和文明施工等。

（2）施工计划

施工计划是指施工组织设计与施工任务的分配，其内容主要有编制施工组织设计、编制分段作业计划、编制班组作业计划和其他各项计划的制定。

（3）施工控制

施工控制是指围绕着完成计划任务的各项管理工作，如进度控制、成本控制、质量控制、安全控制等。

2. 维修工程施工阶段管理规定

房屋修缮施工管理的规定包括以下几个方面：

（1）承接任务与施工计划

目前修缮工程施工任务已从过去的计划分配制过渡到招投标制，工程承包方式的改变使建设单位（经营管理单位）与施工承包单位之间有了更大的选择空间，有利于降低成本、提高效益，也更符合市场经济的发展规律。施工计划安排是施工各方根据工程实际情况及施工合同要求编制的修缮工程施工进行计划。

（2）施工组织与准备

按照确定的修缮方案或施工图纸要求，确定施工方案，编制施工组织设计。

施工组织是修缮施工单位结合工程的性质、规模、工期、人员、机械、材料供应、施工工艺等情况，在工程开工前，对施工的各项活动作出的全面的部署，用来指导施工准备和组织施工的综合性技术文件。它是指导工程有计划施工的综合性文件和实施细则，是施工生产管理中施工准备和组织的重要内容。同时应根据工程的特点分别编制施工组织设计。

1）施工组织设计的内容

施工组织设计主要包括下列内容：

A. 工程概况。包括工程项目名称、工程地点、工程面积或间数、工程内容、项目工程量、施工工期、主要材料、设备需用量、住户搬迁时间、环境条件以及现场劳动组织和管理指挥系统等。

B. 施工方案与施工方法。主要包括工程的施工程序、施工起点及流向、施工段划分及分部分项工程施工顺序等。

C. 施工现场总平面图。包括地上或地下已有房屋及其设施的施工位置和尺寸；机械设备安装位置；主要材料、构件、工具的存放位置；各种生产、生活用房、工棚位置；道路、水电、消防设备布置和位置等。

D. 施工总进度计划。包括单位工程（或分段工程）施工进度计划，一般可采用网络图和横断图表示。

E. 施工准备工作及各项资源需要量计划。主要包括施工准备工作计划及劳动力、施工机械、主要材料、构件等需要量计划和进场时间。

F. 各项措施计划。结合特点制定的必要措施，包括完成计划的措施、保证工程质量及安全街道的技术措施、季节性措施、节约措施和现场文明施工措施等。

G. 各项技术经济指标。主要包括工期指标、质量安全指标、降低成本和节约材料措施等。

中型修缮工程施工方案主要包括下列内容：

A. 工程概况；

B. 主要施工方法及保证工程质量的措施；

C. 安全、防火、节约、季节性施工等措施；

D. 单位工程进度计划；

E. 主要材料、劳动力、施工需要量及进场计划；

F. 施工平面图；

G. 各项技术经济指标。

小型修缮工程施工方案主要包括下列内容：

A. 工程概况；

B. 房屋结构安全检查、房屋破损查勘鉴定情况；

C. 维修内容、工程量、工程费用及主要材料需要量；

D. 质量及安全技术措施。

施工组织设计、施工方案和施工说明制定后，施工单位的各职能部门都要根据施工组织设计、施工方案和施工说明，进行各部门的计划安排。

2）施工组织设计的编制

编制的依据：

A. 维修施工图或施工方案　要加强编制人员与查勘人员的联系，了解施工方案和设计意图以及有关原始资料；掌握工程概况、特点及结构、材料等方面的特殊要求和使用单位的使用要求；

B. 施工合同规定的工期　即开工和竣工日期；

C. 已经确定的施工方案和施工方法；

D. 施工条件　调查研究、搜集必要的资料，进行现场环境的调查，如周围环境、用水、用电方面的情况，有关单位及用户的情况调查，施工生产条件的调查，如工程主要项目的技术特点，劳动力、机具、材料等的调查；

E. 有关的劳动定额。

编制施工组织设计的要点：

A. 工程量的核算　按段复核任务单，房屋维修工程的特点是零星分散、变化多、不可预见因素多，因此要使施工段尽可能做到符合实际情况，使施工班组对房屋损坏项目和数量事先做到心中有数，有利于技术交底，必须认真做好复核任务单工作。

B. 组织计划施工，编制月度计划　通过复核任务单，合理调整每段各个工种的工时，编制施工计划和月度工地作业计划。

C. 确定施工过程　施工过程是包括一定工作内容的施工工序，是施工进度计划的基本组成部分，主要内容是合理划分施工段，施工段的规模不宜过大，也不宜过小，施工段过大，工期长，施工组织不紧凑；施工段过小，工期太短，调度频繁，不利生产。

D. 恶劣天气的安排　施工期间不可避免地要遇到雨雪等恶劣天气，合理安排恶劣天气的施工也是施工组织设计的内容之一。

3）施工准备工作

施工准备是修缮工程施工的一个重要阶段，它的基本任务是针对修缮工程的特点及进度要求，做好施工规划，为全面施工创造必要的条件，保证开工后的正常施工。它主要包括施工技术准备、施工调度与现场管理等工作。

施工技术准备内容包括：

A. 熟悉和审查图纸　在开工之前，施工单位要熟悉修缮方案或施工图纸，并参与建设单位、设计单位组织的图纸会审和技术交底，并将审查中提出的问题、解决的办法措施等做好会议记录或纪要。

对于施工中的材料、成品、半成品必须进行检查，质量应满足有关标准和设计的要求，且要有合格证、质量保证书。对于现浇混凝土结构、砌筑砂浆必须按规定做试块检验。房屋的各种附属设备在安装前必须进行检查测试，做出记录，相关资料要存档。

B. 调查研究、收集资料　维修施工准备不仅要从已有的施工图纸或施工方案等文件资料中了解施工要求，还要对现场情况进行实地调查，特别是对隐蔽部位和承重构件等进行查看，以便制定出切实可行的施工组织设计，合理地进行施工。

C. 编制施工组织设计。

D. 编制施工预算　维修工程预算是在施工阶段，在施工图预算的控制下，根据施工图计算的分项工程量、施工定额、施工组织设计等资料，通过工料分析，计算和确定维修工程所需要的人工、材料、机具消耗量及其相应费用的经济文件。

(3) 施工调度与现场管理

施工调度是工程施工综合进度计划为基础的综合性管理。现场管理是以施工组织设计为依据对施工现场进行的经常性管理。主要是根据设计文件及已编制好的施工组织设计中的有关各项要求进行，为修缮工程施工创造良好的条件和物资保证。主要包括以下内容：

A. 做好施工现场的清理工作　水、电、道路等应满足施工条件的要求。

B. 做好临时设施的准备　如生产、生活需要的临时设施，为施工而必备的临时仓库、办公室及必要的加工场所等。

C. 施工机具和物资准备　根据施工方案中所确定的施工机具需要量计划，认真进行准备，按计划按时进场。还要根据施工组织设计，详细计算所需要的材料。按物资供应计划落实货源，按时进场。

D. 根据编制的劳动力需用量计划，建立施工项目指挥机构　对地方劳动力和特殊工种要签好劳务合同，必要时应进行技术培训，并对工人进行技术和施工安全教育。在大批施工人员进入现场之前，做好后勤保障工作。

（4）技术交底和材料、构件检试

1）在工程开工前，修缮施工单位应熟悉修缮设计或修缮方案，并参与经营管理单位组织的技术交底和图纸会审，并将在审查中提出的问题、解决的措施等，做好会议记录或纪要。

2）技术交底和图纸会审的主要内容：

A. 设计、方案、图纸和说明是否符合有关技术规定。

B. 修缮设计或修缮方案是否合理，图纸和说明是否清楚，土建和设备是否配套、尺寸和标高有无差错。

C. 新旧建筑与相邻建筑、地上建筑与地下构筑物之间有无矛盾。

D. 技术装备条件是否可行，能否保证工程质量与安全生产。

3）设计、方案、图纸和说明经会审确定后，不得任意修改。在施工过程中，如发现差错，或因施工条件、材料规格、品种、质量不能完全满足要求时必须严格执行技术核定和设计变更签证制度，并均应具有文字记录，归入工程技术档案，作为工程验收的依据。

4）对材料、成品、半成品的检验工作。

（5）质量管理和安全生产

修缮工程施工单位必须设立质量、安全监督检查机构，分别配备专兼职质量和安全检查人员，确保工程质量的技术措施监督实施，并指导执行操作规程。实行自检、互检和交接检的三检制度。对地下工程、隐蔽工程严格执行隐蔽工程验收签证制度和质量事故报告制度。安全检查机构和相关人员必须严格执行安全生产的方针、政策、法令、法规、条例，经常对施工现场进行安全检查，组织职工学习安全操作规程。新工人未经安全操作规程的培训，不得上岗。特殊工种如电工、电焊工等要持证上岗。

（6）基层管理

基层管理的任务是建立岗位经济责任制，加强质量和安全的具体管理，加强思想和职业道德教育，搞好文明施工，提高工程质量和服务质量。

（7）竣工验收

当工程达到竣工验收条件以后，施工单位应在自查、自评工作完成以后，填写工程竣工报验单，并将全部竣工资料报送建设单位，申请竣工验收。建设单位收到工程验收报告后，建设单位负责人要组织相关部门的有关人员进行工程验收，并按照《房屋修缮工程质量检验评定标准》的要求确定工程质量等级，进行工程交接。验收中对于质量不符合标准的，应限期返工修复。经修复合格后，再验收签证。竣工验收应当具备下列条件：

1）已经完成工程设计或合同约定的各项内容。
2）有完整的技术资料和施工管理资料。
3）有工程使用的主要建筑材料、建筑构配件和设备的进场试验报告。
4）有相关单位签署的质量合格文件。
5）有施工单位签署的工程保修书。

（8）技术责任制

施工单位应建立技术责任制，并按《房屋修缮工程施工管理规定》执行。

（二）房屋维修工程监督管理

建设单位一定要把工程监督作为技术管理的一项重要工作来抓，主要是监督施工质量。从技术交底抓起，加强施工中的质量检查、隐蔽工程检查、工程变更审定等主要环节，使修缮工程质量达到合同规定的验收标准。

1. 修缮工程的组织与监督

（1）小修工程的组织与监督

小修工程一般由房屋经营单位的管养部门组织施工和技术监督，主要是全面了解掌握施工情况，进行技术指导、技术监督和工程质量评定等。

（2）中修以上工程的组织与监督

中修以上工程的组织与监督，一般由专业施工单位承担，为了加强施工管理，经营单位应指派专人或委托专业的监理单位进行监督。

2. 施工过程的监督管理

房屋经营管理单位在房屋修缮过程中，应按《房屋修缮技术管理规定》做好工程的承包合同的签订、工程技术交底、隐蔽工程验收、工程变更的签证等工作。

（1）签证承包合同

经营管理单位和施工单位要签订工程承包合同，明确双方的责任和义务。在合同中应标明工程的标准、质量要求、进度要求和其他相关的内容，以形成对双方都有约束力的合同文件。

（2）工程技术交底

工程开工前，经营管理单位和设计单位必须组织施工、监督等相关单位和人员进行技术交底和图纸会审，并作相应的记录。技术交底的资料由设计单位负责记录和整理，图纸会审的资料由施工单位负责记录和整理。

（3）隐蔽工程验收

隐蔽工程是指将被其后工程施工所隐蔽的分部、分项工程，在隐蔽前所进行的检查验收。它是对一些分部、分项工程质量的最后一道检查，由于检查对象就要被其他工程覆盖，给以后的检查整改造成障碍，所以显得特别重要，它是施工中质量监督的一个关键过程。

隐蔽工程施工完成后，施工单位按有关的技术规程、规范、施工图纸等先进行自检，自检合格后把相关资料报给项目监督机构。监督人员接到相关资料后，经核实资料和现场检查，如符合质量标准，在相关资料上签字确认，施工单位才能进行隐蔽、覆盖，进入下一道工序的施工。如检查发现不合格，应指令施工单位进行整改，整改自查合格后再进行复查。

（4）工程变更的处理

在施工过程中因施工技术条件、施工工艺、材料规格及质量等造成设计图纸或方案与实际情况有出入时，这就要求作出适当的技术修改或设计变更。这种修改和变更可能是来自施工中的经营管理单位、设计单位和施工单位。但这种修改和变更不管来自何方，均应通过经营管理单位同意，委托设计单位提出设计变更书后，施工单位方可变更施工。

（三）房屋维修工程质量管理

维修工程质量管理是维修技术管理的重要组成部分，是工程监督的具体体现。工程质量管理要贯彻质量第一和预防为主的方针，必须做到精心查勘、精心设计、精心施工，确保工程质量，为用户提供安全、舒适的使用环境。

1. 工程质量控制的依据

施工阶段进行质量控制的依据有以下几部分：

（1）工程合同文件；

（2）设计图纸或施工方案；

（3）国家及政府有关部门颁布的质量管理方面的法律、法规性文件；

（4）有关质量检验与控制的专门技术法规性文件。

同时凡采用新工艺、新材料、新技术的工程，事先应进行试验，并应有权威性技术部门的技术鉴定书及有关的质量数据、指标。在此基础上制定有关的质量标准和施工工艺规程，以此作为判断与控制质量的依据。

2. 工程质量的检验与评定

房屋修缮工程质量检验评定是按《房屋修缮工程质量检验评定标准》执行。房屋修缮工程质量的检验和评定按分项工程、分部工程、单位工程三级进行。分项工程按修缮工程的主要项目划分；分部工程按修缮房屋的主要部位划分；单位工程，大楼以一幢为一个单位；其他房屋可根据具体情况，按单幢或多幢（院落或门牌号）为一个单位。工程质量分为"合格"和"优良"两个等级，评定时按下列规定执行：

1) 分项工程的质量评定：

合格：主要项目（即标准采用"必须"、"不得"用词的条文），均应全部符合本标准的规定；一般项目（即标准中采用"应"、"不应"用词的条文），均应基本符合标准的规定；对有"质量要求和允许偏差"的项目，在其抽查的点数中，有60%及其以上达到要求的，该分项质量应评为合格。

优良：在合格的基础上，对有"质量要求和允许偏差"的项目，在其抽查点数中，有80%及其以上达到要求的，该分项质量评为优良。

各分项工程如不符合本质量标准规定，经返工重做，可重新评定其质量等级，但加固补强后的工程，一律不得评为优良。

2) 分部工程的质量评定：各分项工程均达到合格要求的，该分部工程评为合格；在合格的基础上，有50%及其以上分项质量评为优良的，该分部工程评为优良。

3) 单位工程的质量评定：各分部均达到合格要求的，该单位工程评为合格；在合格的基础上，有50%及其以上分部质量评为优良的（屋面、主体分部工程必须达到优良），该单位工程评为优良。

单位工程的验收记录由施工单位填写，验收结论经营单位填写，综合验收结论由参与验收各方共同商定，由经营单位填写，并对工程质量是否符合设计和规范要求及总体质量水平做出评价。

（四）房屋维修工程验收管理

房屋经营管理单位应根据设计文件和国家规定的有关验收标准、规范，对所经营的房屋修缮工程质量进行全面严格的验收。

（1）工程验收的依据主要有设计图纸或方案说明、施工合同、工程变更、隐藏工程验收记录等。

（2）工程验收的标准是《房屋修缮工程质量评定标准》、施工合同及其他相应的质量标准。

（3）工程验收的组织是经营单位收到施工单位的验收报告后，由经营单位负责人组织施工单位、设计单位、监理单位的有关人员进行现场验收，工程验收合格，应及时评定质量等级，并由经营单位和验收各方签证。凡不符合要求的应及时进行返工，经返工合格后方可签证。

（五）房屋维修工程技术档案管理

房屋的技术档案，是指房屋生产和使用过程中形成的具有参考利用价值而集中进行保存起来的文件、资料、图纸等。

房屋技术档案的内容主要有：

（1）房屋历次维修工程项目的批准文件；

（2）工程施工合同；

（3）维修设计图纸或维修方案说明；

（4）技术交底记录、工程变更通知单及各类技术核定批准文件；

（5）隐蔽工程验收记录；

（6）各分部分项工程验收记录；

（7）材料、构件检验及设备调试资料。

对于中修及其以上的工程，一般还要提供工程质量等级检查评定和其他相关的资料。工程决算、竣工验收签证资料及旧房的照片应送技术档案管理部门存入档案。

五、房屋维修工程的文明施工

文明施工是房屋修缮工程施工管理的重要内容，文明施工不仅是施工现场的整洁卫生，而是贯穿施工全过程、全方位的综合性的管理工作。

（一）文明施工

文明施工一般有三个基本点：一是有文明的生产者和管理者；二是有文明的管理；三是有文明的施工现场。这三点相互联系密不可分。

建设部为城市房屋维修颁布了五条纪律、八项注意，供修缮施工单位职工遵守试行。

五条纪律的内容是：

（1）执行修缮原则，不准任意增减项目数量。

（2）精心查勘施工，不准发生事故、拖延工期。

（3）爱护居民财物，不刁难住户、增添麻烦。

(4) 管好用好料具，不准丢失浪费、私拿送人。
(5) 严格遵守纪律，不准吃拿卡要、优亲厚友。

八项注意的内容是：

(1) 保证全面完成年计划规定的房屋维修任务，严格履行单位工程施工合同，按合同规定的维修范围、项目，积极组织施工。

(2) 单位工程开工前，积极配合甲方创造必要的施工条件，做好开工准备。

(3) 施工部署紧凑合理，贯彻"集中兵力、打歼灭战"的原则，大力缩短工期。

(4) 文明施工，现场整洁，施工中保持道路通畅，料具整齐，及时清运建筑垃圾。竣工收尾干净利落，工完料尽场清。

(5) 尽量减少对用户的干扰。施工中保证管线、设备正常使用，做到水、电、下水、垃圾和供暖等管道通畅。如需临时断水、停电时应事先通知用户，并应尽量缩短时间。

(6) 遵守操作规程，保证工程质量。对隐蔽工程竣工验收提出的质量问题，保证及时回修处理。

(7) 采取必要的措施防风、防雨、防火、防盗、防止发生安全事故，保证用户和生产安全。

(8) 对待用户热情和气，文明礼貌。主动帮助用户搬迁家具，随手解决零星维修问题，及时向甲方转达用户的要求和意见。

(二) 安全生产

1. 建立安全生产岗位责任制

建立和健全以安全生产责任制为中心的各项安全管理制度，是保证安全生产的重要组织手段，没有规章制度，就没有准绳，无章可循，就容易出问题。安全生产责任制是企业岗位责任制的一个主要组成部分，是企业安全管理中最基本的一项制度。认真贯彻执行安全生产责任制，是搞好房屋维修生产的一项重要措施。有了安全生产岗位责任制，就能把安全和生产从组织领导上统一起来，把管生产必须管安全的原则从制度上固定下来，从而增加了各级管理人员安全责任心，使安全管理工作纵向到底、横向到边、专管成线、群管成网、责任明确、协调配合、共同努力，真正把安全生产工作落实到实处。

2. 加强安全生产宣传教育

安全生产教育是安全管理工作的重要环节，是搞好安全生产工作的有力措施。安全生产教育包括安全生产思想、安全知识、安全技能等方面的内容。因此要经常对企业员工进行安全生产教育，提高员工的安全意识和安全操作技能。为企业的安全生产奠定基础。

3. 健全施工现场的管理制度

施工现场是企业安全系统管理的基础，它主要由安全组织管理、场地设施管理、行为安全规定、安全技术管理四部分内容组成。同时施工现场应成立由项目经理为首的安全管理网络。施工现场的场地布置、道路运输、材料堆放、施工现场安全设施应符合有关规定和住户安全要求。在编制生产计划和施工方案时，必须编制安全措施，确保施工安全。在工程施工交底时应进行安全措施交底并有书面记录且经双方签字确认。在施工现场管理中如发现有违反安全的行为应及时进行阻止，限期整改。对造成后果的要追究责任，并严肃处理责任人。

4. 开展安全生产检查活动

安全生产检查实质上也是一次群众性的安全教育。通过检查,增加领导和群众安全意识,纠正违章指挥、违章操作,提高搞好安全生产的自觉性和责任心。安全检查内容主要是查思想、查制度、查机械设备、查安全设施、查安全教育培训、查操作行为、查劳保用品使用、查伤亡事故的处理。安全检查的形式有经常性的、定期制度性的、突击性的、专业性的和季节性等各种形式。

5. 伤亡事故的调查和处理

发生伤亡事故后,应及时组织调查和处理。通过分析伤亡事故,吸取教训,采取必要的防范措施,防止类似事故的重复发生。通过分析,查清原因和分清责任。

(三) 环境保护

在维修工程施工中产生的噪声、垃圾、污水及其他对环境和居民生活有影响的行为,必须采取相应的措施严格控制。如施工现场的噪声控制、建筑灰尘的控制、建筑材料的管理、建筑垃圾的管理、施工现场周围的绿化等必须符合相关的规定。

复习思考题

1. 房屋维修工作的特点有哪些?
2. 房屋维修工作的总方针是什么?
3. 房屋维修的工程分类的内容有哪些?
4. 房屋维修工作的基本程序是什么?
5. 房屋修缮工程施工组织设计的内容有哪些?
6. 房屋维修工程技术档案的内容有哪些?
7. 简述房屋维修工程的质量验收程序和内容。
8. 如何加强维修施工的安全生产工作?

第二章 房屋的查勘与鉴定

第一节 概 述

房屋在使用过程中养护与维修是保证房屋使用年限的主要因素。因地制宜，因房制宜，合理修缮，定期检查，及时维护是保证房屋正常使用、确保安全的重要手段，只有这样才能最大限度地发挥房屋的有效使用功能。房屋在受到外界的作用和有害物质的侵蚀，结构和构件的材质、性能等会逐年下降。因此，对房屋进行查勘、检测、鉴定是养护与维修的前提条件和必不可少的手段。

一、房屋查勘与鉴定的目的

有效利用既有房屋，正确判断房屋结构的危险程度，及时治理危险房屋，确保使用安全，是房屋管理者和使用者都必须重视的问题。

因此房屋的查勘与鉴定的目的是：

（1）监督房屋的合理使用，掌握房屋结构、安装、设备的技术状态，及时纠正违反设计和使用规定的违章行为，延长房屋使用年限。

（2）掌握房屋的完损状况，及时发现房屋的安全隐患，以便通过抢修、加固解除危险，避免倒塌事故的发生。

（3）掌握房屋的完损状况，依据《房屋完损等级评定标准》评定房屋的完损等级，计算房屋的完好率。依据《危险房屋鉴定标准》(JGJ 125—99) 鉴定房屋的危险等级。

（4）为编制房屋年度修缮计划提供依据。

（5）为拟定房屋修缮设计或修缮方案提供依据。

为此，正常使用的房屋查勘和鉴定其损坏程度、产生的原因；改变用途时鉴定其结构的安全可靠性；破旧房屋的改建方案分析及设计；偶然作用后记录危险和损害情况并立案处理等都必须进行房屋的查勘与鉴定。

二、房屋的查勘方法

1. 查勘类型

（1）定期查勘

定期查勘也称为房屋安全普查。一般每隔 1～3 年一次，对所管房屋进行一次逐院、逐栋、逐间的全面检查鉴定。

（2）季节性查勘

季节性查勘是在普查的基础上根据当地气候特征（如雨季、大雪、山洪），着重对危险房屋、严重损坏的房屋进行检查，及时抢险解危，以确保安全。

（3）工程查勘

工程查勘也是定项检查，即对需要修缮项目的安全度、完损状况进行细致的检查鉴定，提出修缮具体意见，确定该工程的修缮方案。

(4) 特别查勘

特别查勘，也可称为房屋技术鉴定。当房屋需要改变使用性质，需要改建扩建以及房屋发生异变可能发生危险时，应及时派人检查鉴定。技术鉴定一般应由设计或专业人员进行。经过实地查勘、分析验算以及必要的荷载试验，提出鉴定成果和处理的意见。

2. 查勘方法

对房屋进行查勘的方法可归纳如下几类：

(1) 直观法

现场观察房屋外形的变化和房屋结构变形、破坏情况。如对砌体结构的下沉、裂缝、歪闪、变形；木结构的弯曲、腐朽、虫蛀等损坏程度加以观察判断；特别在老旧平房安全检查中要仔细观察木构件的完损程度，对后金檩和明柁更应认真查看。

(2) 钎探、敲击听声法

用铁钎探查埋入墙内的柱根、柁头、檩头、椽头等的腐朽程度；或用敲击叫声判断木构件受虫蛀（如受白蚁蛀蚀等）情况以及砖墙空鼓程度等。

(3) 仪器检测

可以利用超声仪、回弹仪、取心试压等方法对房屋结构进行检查鉴定；对于房屋整体性的变形可使用水平仪、经纬仪等进行检查测量其歪闪或下沉的程度。

(4) 计算分析法

通过对结构、构件进行强度及稳定性的验算来确定其结构构件是否安全。

3. 房屋的查勘重点

(1) 砌体结构

检查砌体结构时应检查房屋的高宽比，墙、柱的高厚比，考虑砌体的稳定性，并应重点检查以下部位的变形（如倾斜、裂缝等）情况：

1) 房屋内外墙连接处、房屋转角处和两端山墙；
2) 承重墙、柱和砌体变截面处；
3) 不同材料构件的结合处；
4) 拱脚、拱面；
5) 悬挑构件（如楼梯、阳台、雨篷、挑梁等）上部的砌体；
6) 基础和墙脚的变形、风化剥落等情况。

(2) 钢筋混凝土结构

其重点检查部位如下：

1) 梁的支座附近、集中力的作用点、跨中；
2) 柱和梁的连接处、柱脚、柱顶；
3) 板的支座附近、跨中；
4) 悬挑构件的根部；
5) 屋架的弦杆、腹杆、节点；
6) 屋架支撑系统；
7) 装配式结构构件的连接点。

(3) 地基基础

其检测重点包括下列几点：

1) 地基基础的变形（沉降、滑移、裂缝等）；
2) 地基基础的稳定性；
3) 地基基础的周围环境。
(4) 屋面
屋面检查的原则是：外看变形、内看漏雨部位，下漏上找，检查屋面损坏情况，不论楼房与平房都应上房检查，上房前应先查找漏雨部位。
1) 平屋面的检查
检查排水坡度、屋面有无堆积物、落水管口是否堵塞；防水层有无裂口、流淌、老化；突出屋面结构防水层处理情况等。
2) 坡屋面的检查
坡屋面应检查有无碎瓦、缺瓦、倒喝水现象，脊部、边稍抹灰是否开裂、有无炸腮及拔节等现象。
3) 天沟
天沟应检查排水坡度、防水层接槎处理、沟嘴是否堵塞等。

第二节 房屋完损等级的评定方法

一、房屋损坏过程的一般规律

1. 自然损坏
房屋长期暴露在自然环境中，受到日晒雨淋、风雪侵袭、干湿冷热等气候变化的影响，使构、部件，装修，设备受侵蚀，导致房屋损坏，尤其是房屋的外露部分更易损坏。
2. 人为损坏
(1) 使用者人为损坏
1) 乱拆、乱改导致原结构的受力状态改变，又不采取相应的技术措施。
2) 使用不当，导致房屋表面保护层受损，耐久性降低。
(2) 外来人员损坏
1) 相邻建筑施工给房屋造成损坏。
2) 城市建设波及房屋损坏。
3) 房屋上悬挂招牌、电器、通信设施等造成损坏。
3. 设计不合理、施工质量低劣
设计不合理导致地基不均匀下沉、结构构件承载力不足，致使结构出现开裂，甚至导致结构倒塌；施工质量差、使用不合格材料、不按图施工，导致结构构件变形、开裂。
4. 维护保养不当
不按规定进行维护保养，又不及时修补酿成大患。

二、房屋完损等级的分类

(一) 房屋结构分类
房屋按常用结构的材料类型分为以下几类：
(1) 钢筋混凝土结构 承重的主要结构是用钢筋混凝土建造的；
(2) 混合结构 承重的主要结构是用钢筋混凝土或砖木建造的；

(3) 砖木结构　承重的主要结构是用砖木建造的；
(4) 其他结构　承重的主要结构是用竹、木、砖石、土建造的。
(二) 房屋的完损等级

根据各类房屋的结构、装修、设备等组成部分的完好、损坏程度，房屋的完损等级划分为完好房、基本完好房、一般损坏房、严重损坏房、危险房五个等级。

1. 完好房屋

是指房屋的结构构件安全完好，整体性强，屋面不漏雨，装修和设备完好、齐全完整，管道畅通，现状良好，使用正常，或虽有个别分项轻微损坏，但经过小修就能修复的房屋。

2. 基本完好房

是指房屋的结构构件安全基本完好，少量构件轻微损坏；装修基本完好，设备和管道现状基本良好，能正常使用；个别部位损坏经过一般维修就能修复的房屋。

3. 一般损坏房

是指房屋的结构一般性损坏，部分构件有裂缝、变形，屋面局部漏雨，装修有破损，设备管道不够畅通，水卫、电照管线器具零件有部分老化、损坏或残缺。需进行中修或局部大修方可修复的房屋。

4. 严重损坏房

是指房屋年久失修，结构有明显变形或损坏；屋面渗漏，装修严重变形破损，设备陈旧损坏不齐全。需进行大修或翻修、改建的房屋。

5. 危险房

简称危房是指结构已严重损坏，或承重构件已属危险构件，随时可能丧失稳定和承载能力，不能保证居住和使用安全的房屋。

《房屋完损等级评定标准》（试行，1985年1月1日起实施）中对房屋的各类完损标准作出明确规定。

(三) 房屋的各类完损标准

1. 完好房标准

(1) 结构部分

1) 地基基础：有足够的承载能力，无超过允许范围的不均匀沉降。
2) 承重构件：梁、柱、墙、板、屋架平直牢固，无倾斜变形、裂缝、松动、腐蚀、蛀蚀。
3) 非承重墙：预制墙板节点安装牢固，拼缝处不渗漏；砖墙平直完好，无风化破损；墙无风化弓凸；竹、木、芦帘、苇箔等墙体完整无破损。

(2) 屋面部分

不渗漏，基层平整完好，积尘甚少，排水畅通。

1) 平屋面防水层、隔热层、保温层完好；
2) 平瓦屋面瓦片搭接紧密、无缺角、裂缝瓦，瓦出线完好；
3) 青瓦屋面瓦垄顺直，搭接均匀，瓦头整齐，无碎瓦，节筒俯瓦灰梗牢固；
4) 铁皮屋面安装牢固，铁皮完好，无锈蚀；
5) 石灰炉渣、青灰屋面光滑平整，油毡屋面牢固无破洞。

(3) 装修部分

1) 楼地面：整体面层平整完好，无空鼓、裂缝、起砂；木楼地面平整坚固，无腐朽、下沉，无较多磨损和稀缝；砖、混凝土块料面层平整，无碎裂；灰土地面平整完好。

2) 门窗：完整无损，开关灵活，玻璃、五金齐全，纱窗完整，油漆完好。

3) 外抹灰：完整牢固，无空鼓、剥落、破损和裂缝，勾缝砂浆密实。

4) 内抹灰：完整牢固，无空鼓、牢固、无破损、空鼓和裂缝。

5) 顶棚：完整牢固，无破损、变形、腐朽和下垂脱落，油漆完好。

6) 细木装修：完整牢固，油漆完好。

(4) 设备部分

1) 水卫：上、下水管道畅通，各种卫生器具完好，零件齐全无损。

2) 电照：电器设备、线路、各种照明装置完好牢固，绝缘良好。

3) 暖气：设备、管道、烟道畅通、完好，无堵、冒、漏，使用正常。

4) 特种设备：现状良好、使用正常。

2. 基本完好标准

(1) 结构部分

1) 地基基础：有承载能力，稍有超过允许范围的不均匀沉降，但已稳定。

2) 承重构件：有少量损坏，基本牢固。

钢筋混凝土个别构件有轻微变形、细小裂缝，混凝土有轻度剥落、露筋；钢屋架平直不变形，各节点焊接完好，表面稍有锈蚀；钢筋混凝土屋架无混凝土剥落，节点牢固完好，钢杆件表面稍有锈蚀；木屋架的各部件节点连接基本完好，稍有隙缝，铁件齐全，有少量生锈；承重砖墙（柱）、砌块有少量细裂缝；木构件稍有变形、裂缝、倾斜，个别节点和支撑稍有松动，铁件稍有锈蚀；竹结构节点基本牢固，轻度蛀蚀，铁件稍有锈蚀。

3) 非承重墙：有少量损坏，但基本牢固。

预制墙板稍有裂缝、渗水，嵌填不密实，间隔墙面稍有破损；外砖墙面稍有风化，砖墙砌体轻度裂缝，勒脚有侵蚀；石墙稍有裂缝，弓凸；竹、木、芦帘、苇箔等墙体基本完整，稍有破损。

(2) 屋面部分

局部渗漏，积尘较多，排水畅通。

1) 平屋面隔热层、保温层稍有损坏，卷材防水层稍有空鼓、翘边和封口不严，刚性防水层稍有龟裂，块体防水层稍有脱壳；

2) 平瓦屋面少量瓦片碎裂、缺角、风化、瓦出线稍有裂缝；

3) 青瓦屋面瓦垄少量不直，少量瓦片破碎，节筒俯瓦有松动，灰梗有裂缝，屋脊抹灰有裂缝；

4) 铁皮屋面少量咬口或嵌缝不严，部分铁皮生锈，油漆脱皮，石灰炉渣、青灰屋面稍有裂缝，油毡屋面少量破洞。

(3) 装修部分

1) 楼地面：整体面层稍有裂缝、空鼓、起砂；木楼地面稍有磨损和隙缝，轻度颤动；砖、混凝土块料面层磨损起砂，稍有裂缝、空鼓；灰土垫面有磨损、裂缝。

2）门窗：少量变形、开关不灵，五金、玻璃、纱窗少量残缺，油漆失光。

3）外抹灰：稍有空鼓、裂缝、风化、剥落，勾缝砂浆少量酥松脱落。

4）内抹灰：稍有空鼓、裂缝、剥落。

5）顶棚：无明显变形、下垂，抹灰层稍有裂缝，面层稍有脱钉、翘角、松动，压条有脱落。

6）细木装修：稍有松动、残缺，油漆基本完好。

（4）设备部分

1）水卫：上、下水管道基本畅通，各种卫生器具基本完好，个别零件残缺损坏。

2）电照：电器设备、线路、照明装置基本完好，个别零件损坏。

3）暖气：设备、管道、烟道基本畅通，稍有锈蚀，个别零件损坏，基本能正常使用。

4）特种设备：现状基本良好、能正常使用。

3. 一般损坏房

（1）结构部分

1）地基基础：局部承载能力不足，有超过允许范围的不均匀沉降，对上部结构稍有影响。

2）承重构件：有较多损坏，强度已有所减弱。

钢筋混凝土构件有局部变形、裂缝，混凝土剥落露筋锈蚀，变形、裂缝值稍超过设计规范规定，混凝土剥落面积占全部面积的10%以内，露筋锈蚀；钢屋架有轻微倾斜或变形，少数支撑部件损坏，锈蚀严重，钢筋混凝土屋架有剥落、露筋，钢杆件有锈蚀；木屋架有局部腐朽、虫蛀，个别节点连接松动，木质有裂缝、变形、倾斜等损坏，铁件锈蚀；承重砖墙（柱）、砌块有部分裂缝、倾斜、弓凸、风化、腐蚀和灰缝酥松等损坏；木构件局部有倾斜、下垂、侧向变形、腐朽、裂缝，少数节点松动、脱榫，铁件有锈蚀；竹结构个别节点松动，竹材有部分开裂、蛀蚀、腐朽，局部构件变形。

3）非承重墙：有较多损坏，强度减弱。

预制墙板的边、角有裂缝，拼缝处嵌缝材料部分脱落，有渗水，间隔墙面层局部损坏；砖墙有裂缝、弓凸、倾斜、风化、腐蚀，灰缝有酥松，勒脚有部分侵蚀剥落；石墙部分开裂缝、弓凸、风化、砂浆酥松，个别石块脱落；竹、木、芦帘墙体部分严重破损、土墙稍有倾斜、硝碱；

（2）屋面部分

局部漏雨，木基层局部腐朽、变形、损坏，钢筋混凝土屋面板局部下滑，屋面高低不平，排水设施锈蚀、断裂。

1）平屋面隔热层、保温层较多损坏，卷材防水层部分有空鼓、翘边和封口脱开，刚性防水层部分有裂缝、起壳，块体防水层部分有松动、风化、腐蚀；

2）平瓦屋面部分瓦片有破损、风化，瓦出线严重裂缝、起壳，脊瓦局部松动、破损；

3）青瓦屋面部分瓦片风化、破碎、翘角，瓦垄不顺直，节筒俯瓦破碎残缺，灰梗部分脱落，屋脊抹灰有脱落，瓦片松动；

4）铁皮屋面部分咬口或嵌缝不严，铁皮严重锈烂；

5）石灰炉渣、青灰屋面，局部风化脱壳、剥落，油毡屋面有破洞。

（3）装修部分

1）楼地面：整体面层部分裂缝、空鼓、剥落，严重起砂；木楼地面稍有磨损、虫蛀、翘裂、松动、稀缝、局部变形下沉，有颤动；砖、混凝土块料磨损，部分破损、裂缝、脱落，高低不平；灰土垫面坑洼不平。

2）门窗：木门窗部分翘裂，榫头松动，木质腐朽，开关不灵；钢门、窗部分膨胀变形、锈蚀，玻璃、五金、纱窗部分残缺；油漆老化翘皮、剥落。

3）外抹灰：部分有空鼓、裂缝、风化、剥落，勾缝砂浆部分酥松脱落。

4）内抹灰：部分空鼓、裂缝、剥落。

5）顶棚：有明显变形、下垂，抹灰层局部有裂缝，面层局部有脱钉、翘角、松动，部分压条脱落。

6）细木装修：木质部分腐朽、蛀蚀、破裂；油漆老化。

（4）设备部分

1）水卫：上、下水管道不够畅通，管道有积垢、锈蚀，个别滴、漏、冒；卫生器具零件部分残缺、损坏。

2）电照：设备陈旧，电线部分老化，绝缘性能差，少量照明装置有损坏、残缺。

3）暖气：设备陈旧，管道锈蚀严重，零件损坏，有滴、冒、跑现象，供气不正常。

4）特种设备：不能正常使用。

4. 严重损坏标准

（1）结构部分

1）地基基础：承载能力不足，有明显不均匀沉降或明显滑动、压碎、折断、冻酥、腐蚀等损坏，并且仍在继续发展，对上部结构有明显影响。

2）承重构件：明显多损坏，强度严重不足。

钢筋混凝土构件有明显下垂变形、裂缝，混凝土剥落和露筋锈蚀严重，下垂变形、裂缝值超过设计规范的规定，混凝土剥落面积占全部面积的10%以上；钢屋架明显倾斜或变形，部分支撑弯曲松脱，锈蚀严重，钢筋混凝土屋架有倾斜，混凝土严重腐蚀剥落、露筋锈蚀，部分支撑损坏，连接件不齐全，钢杆锈蚀严重；木屋架端节点腐朽、虫蛀，节点连接松动，夹板有裂缝，屋架有明显下垂和倾斜，铁件严重锈蚀，支撑松动；承重砖墙（柱）、砌块强度和稳定性严重不足，有严重裂缝、倾斜、弓凸、风化、腐蚀和灰缝严重酥松损坏；木构件严重倾斜、下垂、侧向变形、腐朽、蛀蚀、裂缝，木质脆枯，节点松动，榫头断折拔出，榫眼压裂，铁件严重锈蚀和部分残缺；竹结构节点松动、变形，竹材弯曲断裂、腐朽，整个房屋倾斜变形。

3）非承重墙：有严重损坏，强度不足。

预制墙板严重裂缝、变形，节点锈蚀，拼缝嵌料脱落，严重漏水，间隔墙立筋松动、断裂、面层严重破损；砖墙有严重裂缝、弓凸、倾斜、风化、腐蚀，灰缝酥松；石墙严重开裂缝、下沉、弓凸、断裂，砂浆酥松，石块脱落；竹、木、芦帘、苇箔等墙体严重破损、土墙倾斜、硝碱。

（2）屋面部分

严重漏雨，木基层腐烂、蛀蚀、变形损坏，屋面高低不平，排水设施严重锈蚀、断裂、残缺不全。

1）平屋面隔热层、保温层严重损坏，卷材防水层普遍老化、断裂、翘边和封口脱开，沥青流淌，刚性防水层严重开裂、起壳、脱落，块体防水层严重松动、腐蚀、破损；

2）平瓦屋面瓦片零乱不落槽，严重破损、风化，瓦出线破损、脱落，脊瓦严重松动、破损；

3）青瓦屋面瓦片零乱、风化、碎瓦多，瓦垄不直、脱脚，节筒俯瓦严重脱落残缺，灰梗脱落，屋脊严重损坏；

4）铁皮屋面严重锈烂、变形下垂；

5）石灰炉渣、青灰屋面大部冻鼓、裂缝、脱壳、剥落，油毡屋面严重老化，大部损坏。

(3) 装修部分

1）楼地面：

整体面层严重起砂、剥落、裂缝、沉陷、空鼓；木楼地面有严重磨损、蛀蚀、翘裂、松动、稀缝、变形下沉、颤动；砖、混凝土块料面层严重脱落、下沉、高低不平、破碎、残缺不全；灰土垫面坑洼不平。

2）门窗：木质腐朽，开关普遍不灵，榫头松动、翘裂；钢门、窗严重变形锈蚀，玻璃、五金、纱窗残缺；油漆剥落见底。

3）外抹灰：严重空鼓、裂缝、剥落，墙面渗水，勾缝砂浆酥松脱落。

4）内抹灰：严重空鼓、裂缝、剥落。

5）顶棚：严重变形下垂，木筋弯曲翘裂、腐朽、蛀蚀，面层严重破损，压条脱落，油漆见底。

6）细木装修：木质腐朽、蛀蚀、破裂，油漆老化见底。

(4) 设备部分

1）水卫：下水道严重堵塞、锈蚀、漏水；卫生器具零件严重损坏、残缺。

2）电照：设备陈旧残缺，电线普遍老化、零乱，照明装置残缺不齐，绝缘不符合安全用电要求。

3）暖气：设备、管道锈蚀严重，零件损坏、残缺不齐，滴、冒、跑现象严重，基本上已无法使用。

4）特种设备：严重损坏，已无法使用。

《房屋完损等级评定标准》适用范围和一般规定如下：

(四) 房屋完损等级评定的有关规定

《房屋完损等级评定标准》中指出"本标准适用于房地产管理部门经营管理的房屋。对单位自管房（不包括工业建筑）或私房进行鉴定、管理时，其完损等级评定，也可适用本标准。在评定古建筑的完损等级时本标准可作参考。"

对于有抗震设防要求的地区，在评定房屋完损等级时，应结合抗震能力进行评定。

(1) 计量：计算房屋完损等级，一律以建筑面积（m^2）计算为计算单位，评定时以幢为评定单位。幢的划分原则和建筑面积的计算规定，均与全国城镇房屋普查时规定相同。

(2) 房屋完好率的计算规定：完好房屋的建筑面积加上基本完好房屋的建筑面积之和，占所管房屋总建筑面积的百分比即为房屋的完好率。

计算公式如下：

$$完好率 = \frac{完好房屋建筑面积 + 基本完好房屋建筑面积}{所管房屋总面积} \times 100\%$$

（3）房屋经过大修、中修、综合维修竣工验收后要重新评定其完损等级，并调整房屋完好率；正在大修、中修和综合维修施工的房屋可暂按施工前的房屋完损情况评定，待竣工后重新评定完损等级。

三、房屋完损等级的评定方法

房屋完损等级的评定方法按《房屋完损等级评定标准》规定执行。评定房屋完损等级时应注意：

（1）评定房屋完损等级应根据房屋的结构、装修、设备等组成部分的各项完损程度，对整幢房屋进行综合评定其完损等级；

（2）评定房屋完损等级时，特别要认真评定结构部分的完损等级，若地基基础、承重构件、屋面三项的完损程度不在同一个完损标准时，则以最低的完损标准来评定；

（3）完好房屋其结构部分各项都要达到完好标准要求；

（4）评定严重损坏房屋时，结构、装修、设备等组成部分各分项的完损程度，不能下降到危险房屋的标准；

（5）遇到重要房屋评定完损等级时，必须在对地基基础、承重构件进行复核或测试后才能确定。

第三节　危险房屋的鉴定

一、危险房屋的定义

危险房屋（简称危房）是指结构已严重损坏，或承重构件已属危险构件，随时可能丧失稳定和承载能力，不能保证居住和使用安全的房屋。

房屋基础、墙柱、梁板、屋盖等基本构件严重损坏，已属危险构件，不能保证居住和使用安全的房屋已属危房。

二、危险房屋的鉴定标准

对危险房屋进行鉴定要依据建设部于2000年3月1日实施的《危险房屋鉴定标准》进行。

（一）检查鉴定的目的和原因

房屋在长期使用过程中，由于自然老化及人为损坏会出现失稳、变形、裂缝等破坏，事故随时可能发生。要解决这种"潜伏的危险性"，就要对房屋进行检查鉴定，检查的原因和目的为以下几方面：

（1）房屋经过长期使用（超过或未超过使用年限）会不同程度老化；

（2）由于某种原因发生失稳、脱落事故；

（3）房屋发生了异常变形或产生了裂缝；

（4）由于改建扩建，使用条件发生了变化；

（5）房屋受自然灾害，突发性的外加荷载作用，造成了严重破坏。

（二）鉴定程序

1. 受理委托

一般由房屋的产权单位、产权人或使用单位、使用人提出鉴定的原因和目的，并提出申请，委托鉴定单位进行鉴定。

根据委托人的要求，确定房屋危险性鉴定内容和范围。

2. 初始调查

鉴定机构收到"房屋安全鉴定申请书"后，对被鉴定的房屋做初步调查并收集有关资料，并进现场查勘，做好鉴定准备工作。

3. 检测验算

由两名以上鉴定人员到现场进行查勘，对房屋现状进行检测，必要时，采用仪器测试和结构计算，必须认真查阅有关技术资料，详细检查、测算、记录各种损坏数据和情况。

4. 鉴定评级

对调查、查勘、检测、验算的数据资料进行全面分析，整理技术资料，综合评定，确定其危险等级。

5. 处理建议

全面分析情况资料，论证定性，作出综合判断，提出原则性处理建议。

6. 出具报告

鉴定结论及处理建议由鉴定人员使用统一的专业用语签发鉴定文书，并向委托人做出说明。报告样式见表2-1。

(三) 危房的划分与危险范围的判定

1. 危房的划分

整幢危房是指承重构件已属危险构件，结构丧失稳定和承载能力，不能保证居住和使用安全的房屋。

房屋划分成地基基础、上部承重结构和维护结构三个组成部分。

房屋各组成部分危险性鉴定，应按下列等级划分：

1) 无危险点　a级
2) 有危险点　b级
3) 局部危险　c级
4) 整体危险　d级

房屋危房性鉴定，应按下列等级划分：

1) 无危险点　A级

结构承载力能满足正常使用要求，未发现危险点，房屋结构安全。

2) 有危险点　B级

结构承载力基本能满足正常使用要求，个别结构构件处于危险状态，但不影响主体结构，基本满足正常使用要求。

3) 局部危房　危险点量发展至局部危险　C级

部分承重结构承载力不能满足正常使用要求，局部出现险情，构成局部危房。

4) 整幢危房　危险点量发展至整体危险　D级

承重结构承载力已不能满足正常使用要求，房屋整体出现险情，构成整幢危房。

2. 危险范围的判定

房屋危险性鉴定应以整幢房屋的地基基础、结构构件危险程度的严重性降低为基础，结合历史状态、环境影响以及发展趋势，全面分析，综合判断。在地基基础或结构构件发

房屋安全鉴定报告　　　报告编号（　　）　表 2-1

一、委托单位/个人概况

单位名称		电　　话	
房屋地址		委托日期	

二、房屋概况

房屋用途		建造年份	
结构类别		建筑面积	
平面形式		层　　数	
产权性质		产权证编号	
备　　注			

三、房屋安全鉴定目的

四、鉴定情况

五、损坏原因

六、鉴定结论

七、处理建议

八、检测鉴定人员

九、鉴定单位技术负责人签章　　　　　　　　　　　　　　鉴定单位
　　　　　　　　　　　　　　　　　　　　　　　　　　　　（公章）

鉴定人：
审核人：
审定人：

　　　　　　　　　　　　　　　　　　　　　　　　鉴定日期　年　月　日

生危险的判断上，应考虑它们的危险是孤立的还是相关的。当构件的危险是孤立的时，则不构成结构系统的危险；当构件的危险是相关的时，则应联系结构的危险性判定其范围。全面分析、综合判断时，应考虑下列因素：

　　结构老化的程度；周围环境的影响；设计安全度的取值；有损结构的人为因素；危险的发展趋势等。

　　（1）整幢危房

　　1）因地基基础产生的危险，可能危及主体结构，导致整幢房屋倒塌的；

　　2）因墙、梁、柱、混凝土板或框架产生的危险，可能构成结构破坏，导致整幢房屋倒塌的；

　　3）因屋架、檩条产生的危险，可能导致整个屋盖倒塌并危及整幢房屋的；

　　4）因筒拱、扁壳、波形筒拱产生的危险，可能导致整个拱体倒塌并危及整幢房屋的。

　　（2）局部危险房

　　1）因地基基础产生的危险，可能危及部分房屋，导致局部倒塌的；

　　2）因墙、梁、柱、混凝土板或框架产生的危险，可能构成部分结构破坏，导致局部

房屋倒塌的；

3) 因屋架、檩条产生的危险，可能导致部分屋盖倒塌但不危及整幢房屋的；

4) 因筒拱、扁壳、波形筒拱产生的危险，可能导致部分拱体倒塌但不危及整幢房屋的；

5) 因悬挑构件产生的危险，可能导致梁、板倒塌的；

6) 因搁栅产生危险，可能导致整间楼盖倒塌的。

（四）构件危险性鉴定

危险构件是指其承载能力、裂缝和变形不能满足正常使用要求的结构构件。

1. 构件的划分应符合以下要求

基础：独立柱基础以一根柱的单个基础为一构件；条形基础以一个自然间一轴线单面长度为一构件；板式基础以一个自然间的面积为一构件。

墙体：以一个计算高度、一个自然间的一面墙为一构件。

柱：以一个计算高度、一根为一构件。

梁、檩条、搁栅等：以一个跨度、一根为一种构件。

板：以一个自然间面积为一构件；预制板以一块为一构件。

屋架、桁架等：以一榀为一构件。

2. 构件危险性鉴定标准

（1）地基基础

重点检查基础与承重砖墙连接处的斜向阶梯形裂缝、水平裂缝、竖向裂缝状况，基础与框架柱根部连接处的水平裂缝状况，房屋的倾斜位移状况，地基滑坡、稳定、特殊土质变形和开裂等状况。

有下列情况之一者，应评定为危险状态：

地基部分：

地基沉降速度连续 2 个月大于 4mm/月，并且短期内无收敛趋向；地基产生不均匀沉降，其沉降量大于现行国家标准《建筑地基基础设计规范》（GB 50007）规定允许值，上部墙体产生裂缝大于 10mm，且房屋倾斜率大于 1%；地基不稳定产生滑移，水平位移量大与 10mm，并对上部结构有显著影响，且仍有继续滑动迹象。

基础部分：

基础承载力小于基础作用效应的 85%（$R/\gamma_0 < 0.85$）；基础老化、腐蚀、酥碎、折断，导致结构明显倾斜、位移、裂缝、扭曲等；基础已有滑动，水平位移速度连续 2 个月大于 2mm/月，并在短期内无终止趋向。

（2）砌体结构构件

重点检查砌体的构造连接部位，纵横墙交接处的斜向或竖向裂缝状况，砌体承重墙体的变形和裂缝状况以及拱脚裂缝和位移状况。注意其裂缝宽度、长度、深度、走向、数量及分布，并观测其发展状况。

砌体结构构件有下列现象之一者，应评定为危险点：

受压构件承载力小于其作用效应的 85%（$R/\gamma_0 < 0.85$）；受压墙、柱沿受力方向产生裂缝宽度大于 2mm、缝长超过层高 1/2 的竖向裂缝，或产生缝长超过层高 1/3 的多条竖向裂缝；受压墙、柱表面风化、剥落，砂浆粉化，有效截面削弱达 1/4 以上；支承梁或屋

架端部的墙体或柱截面因局部受压产生多条竖向裂缝，或裂缝宽度已超过1mm；墙柱因偏心受压产生水平裂缝，裂缝宽度大于0.5mm；墙、柱产生倾斜，其倾斜率大于0.7%，或相邻墙体连接处断裂成通缝；砖过梁中部产生明显的竖向裂缝，或端部产生明显的斜裂缝，或支承过梁的墙体产生水平裂缝，或产生明显的弯曲、下沉变形；砖筒拱、扁壳、波形筒拱、拱顶沿母线裂缝，或拱曲面明显变形，或拱脚明显位移，或拱体拉杆锈蚀严重，且拉杆体系失效；石砌墙（或土墙）高厚比：单层大于14，二层大于12，且墙体自由长度大于6m。墙体的偏心距达墙厚的1/6。

(3) 混凝土结构

重点检查柱、梁、板及屋架的受力裂缝和主筋状况，柱的根部和顶部的水平裂缝，屋架倾斜以及支撑系统稳定等。

混凝土构件有下列现象之一者，应评定为危险点：

构件承载力小于其作用效应的85%（$R/\gamma_0 < 0.85$）；梁、板产生超过$L_0/150$的挠度，且受拉区的竖向裂缝宽度大于1mm；简支梁、连续梁跨中部位受拉区产生竖向裂缝，其一侧向上延伸达梁高的2/3以上，且缝宽度大于0.5mm，或在支座附近出现剪切裂缝，缝宽度大于0.4mm；梁、板受力主筋处产生横向水平裂缝和斜裂缝，缝宽大于1mm，或构件混凝土严重缺损，或混凝土保护层严重脱落、露筋；现浇板面周边产生裂缝，或板底产生交叉裂缝；预应力梁、板产生竖向通长裂缝，或端部混凝土松散露筋，其长度达主筋直径100倍以上；受压柱产生竖向裂缝，保护层剥落，主筋外露锈蚀，或主筋一侧产生水平裂缝，缝宽度大于1mm，另一侧混凝土被压碎，主筋外露锈蚀；墙中间部位产生交叉裂缝裂缝宽度大于0.4mm；柱、墙产生倾斜、位移，其倾斜率超过高度的1%，其侧向位移量大于$h/500$；柱、墙混凝土酥裂、碳化、起鼓，其破坏面大于全截面的1/3，且主筋外露，锈蚀严重，截面减小；柱、墙侧向变形，其极限值大于$L_0/200$的挠度，且下弦产生横断裂缝，缝宽大于1mm；屋架的支撑系统失效导致倾斜，其倾斜率大于屋架高度的2%；压弯构件保护层剥落，主筋多处外露锈蚀，端部节点连接松动，且伴有明显的变形裂缝；梁、板有效搁置长度小于规定值的70%。

三、危险房屋安全措施

根据《城市危险房屋管理规定》，对被鉴定为危险房屋的，一般按以下四类进行处理：

(1) 观察使用　适用于采取适当安全技术措施后，尚能短期使用，但需继续观察的房屋。

(2) 处理使用　适用于采取适当技术措施后，可解除危险的房屋。

(3) 停止使用　适用于已无修缮价值，暂时不变拆除，又不危及相邻建筑和影响他人安全的房屋。

(4) 整体拆除　适用于整幢危险且无修缮价值，须立即拆除的房屋。

对危险房屋和危险点，必须采取有效措施进行处理，确保住户使用安全。

(1) 立即安排抢修　房屋的个别构件损坏或构件局部损坏、危险点和危险范围很小的局部危房，应立即安排抢修。

(2) 采取支撑和临时加固　构件的变形是由超载引起的，可采取加设支撑和临时加固方法，保证住户使用安全。

(3) 搬迁住户，安排修缮　当房屋已损坏和危险范围较大，修缮工程量大或房屋已不宜继续使用，必须先搬迁住户，以保证安全，再安排修缮、改建或拆除重建。

（4）建立危险房屋监护制度　对危险房屋的使用，必须进行日常监护，建立危险房屋监护制度，随时掌握危险房屋的发展情况，防止危险房屋突然倒塌，保证住户使用安全。

复 习 思 考 题

1. 房屋鉴定的目的是什么？
2. 房屋的查勘方法有哪些？
3. 如何界定房屋的完损等级？
4. 什么是危险房屋？
5. 构件危险性鉴定时，如何划分单个构件？
6. 如何区分危险点和危险房屋？
7. 危险房屋如何鉴定？
8. 如何处理被鉴定为危险的房屋？

第三章 混凝土结构房屋的修缮

第一节 钢筋混凝土的一般知识及结构设计原则

一、钢筋混凝土的一般知识

1. 混凝土的概念

混凝土是由胶结材料（水泥）、骨料（砂、石子）和水按一定比例配制而成的人工石材，它的特点是：抗压强度很高而抗拉强度很低（只有抗压强度的1/10左右）。因此，单用混凝土做成的梁，经不住很大的荷载就要断裂，如图3-1（a）所示。若在混凝土中配置了适量的钢筋，抗拉强度很高的钢筋在梁的受拉区发挥了作用，钢筋的存在可以代替开裂的混凝土承受拉力，这种梁的承载力将大大提高，如图3-1（b）所示。这种配有钢筋的混凝土称为钢筋混凝土，由钢筋混凝土做成的构件称为钢筋混凝土构件，图3-2所示为钢筋混凝土梁和板。

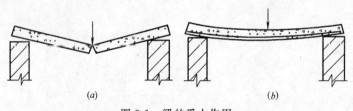

图3-1 梁的受力作用
（a）素混凝土梁；（b）钢筋混凝土梁

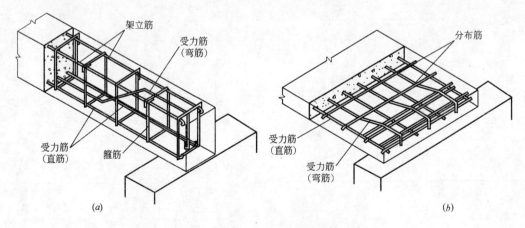

图3-2 钢筋混凝土梁、板配筋示意图
（a）钢筋混凝土梁；（b）钢筋混凝土板

2. 钢筋和混凝土性能

钢筋混凝土结构是由钢筋和混凝土两种材料组成的，为了对混凝土结构修缮，必须了解钢筋和混凝土的力学性能。

(1) 混凝土的强度

1) 立方体抗压强度 $f_{cu,k}$

我国《混凝土结构设计规范》采用标准方法制作养护边长为150mm的立方体试件，在28天龄期，用标准试验方法测得具有95％保证率的抗压强度作为混凝土立方体抗压标准强度，以 $f_{cu,k}$ 表示，并作为混凝土的强度等级，它也是衡量混凝土各种力学指标的代表值。

混凝土的强度等级分为14个等级：C15、C20、C25、C30、C35、C40、C45、C50、C55、C60、C65、C70、C75、C80。在检测试件时，当某一试件的抗压强度在两个等级之间时，取较低的混凝土强度等级，如：某试件抗压强度为 $26N/mm^2$，则定为C25，数值越大表明混凝土越好。

2) 轴心抗压强度 f_c

实际工程中，受压构件通常不是立方体而是高度大于边长的棱柱体，如：工程中的柱子。所以采用高度大于边长的棱柱体试件比立方体试件更能反映混凝土的实际抗压能力，用棱柱体试件（150mm×150mm×450mm）测得的抗压强度称为轴心抗压强度，以符号 f_c 表示。

3) 轴心抗拉强度 f_t

混凝土的轴心抗拉强度是用100mm×100mm×500mm的柱体，两端各埋设一根长为150mm的变形钢筋，试验机夹住两端伸出的钢筋使试件受拉，破坏时的应力即为混凝土的轴心抗拉强度，用符号 f_t 表示。

各种等级的混凝土设计强度见表3-1。混凝土结构修缮的混凝土强度等级，应比原设计混凝土强度等级提高一级，并不低于C20，以保证新浇筑混凝土与原混凝土之间的粘结，混凝土中不应掺加粉煤灰等混合材料。

混凝土强度设计值（N/mm²） 表3-1

强度种类	混凝土强度等级													
	C15	C20	C25	C30	C35	C40	C45	C50	C55	C60	C65	C70	C75	C80
轴心抗压 f_c	7.2	9.6	11.9	14.3	16.7	19.1	21.2	23.1	25.3	27.5	29.7	31.8	33.8	35.9
轴心抗拉 f_t	0.91	1.10	1.27	1.43	1.57	1.71	1.80	1.89	1.96	2.04	2.09	2.14	2.18	2.22

(2) 混凝土的徐变和收缩

混凝土的变形分为两类：一类是混凝土的受力变形，包括一次短期加荷时的变形（瞬变）和长期荷载下的变形（徐变）；另一类为混凝土的体积变形，如收缩、膨胀、温度变化产生的变形。

从混凝土的变形试验中可以看出，混凝土是弹塑性材料。随着时间的增长，在荷载的长期作用下，混凝土的变形仍在继续增长，这种现象称为混凝土的徐变。徐变可持续3～4年或更长时间，是不能恢复的变形。混凝土的徐变将对结构构件产生不利的影响。如：增加受弯构件的挠度，加大预应力构件的预应力损失等。

混凝土的另一个特性是在空气中结硬时体积减少，这种现象称为混凝土的收缩。混凝土收缩是物理化学作用的结果，与外力无关。混凝土收缩会使构件产生不利的影响，如：

混凝土收缩会引起初应力，使混凝土构件表面出现收缩裂缝，影响结构的正常使用，在预应力混凝土构件中引起预应力损失等。

（3）钢筋

钢筋混凝土结构采用的钢筋通常指钢筋和钢丝。钢丝的直径通常在2.5~5mm，卷成圆盘；钢筋的直径不小于6mm，6~9mm的钢筋卷成圆盘，直径大于12mm的钢筋轧成6~12m长的直段。钢筋按生产工艺不同分为热轧钢筋、热处理钢筋、钢丝。

1）热轧钢筋：热轧钢筋是由钢筋原料（普通碳素钢和低合金钢）直接热轧而成，按强度不同分为HPB235、HRB335和HRB400，随着级别的增大，钢筋的强度提高，塑性降低。

2）热处理钢筋：热处理钢筋是由40Si2Mn、48SiMn和45SiCr经淬火和回火处理后制成，其强度能得到较大幅度的提高，而塑性降低并不多。

3）钢丝：钢丝包括光面钢丝、螺旋肋钢丝、刻痕钢丝和钢绞线（用光面钢丝绞织而成）等。

普通钢筋的强度指标和弹性模量见表3-2。在混凝土结构修缮时，所选取的钢筋宜采用成本低、易于加工和焊接的HPB235、HRB335级钢筋。

普通钢筋强度设计值和弹性模量（N/mm²）　　　　表3-2

种　　类		符　号	f_y	f'_y	E_s
热轧钢筋	HPB235(Q235)	Φ	210	210	2.1×10^5
	HRB335(20MnSi)	Φ	300	300	2.0×10^5
	HRB400(20MnSiV、20MnSiNb、20MnTi)	Φ	360	360	2.0×10^5
	RRB400(20MnSi)	Φ	360	360	2.0×10^5

为了保证钢筋和混凝土能共同工作，在选材和构造上应采取如下措施：①钢筋混凝土结构的混凝土强度等级不应低于C15；当采用HRB335级钢筋时，混凝土强度等级不应低于C20；当采用HRB400和RRB400级钢筋以及对承受重复荷载的构件时，混凝土强度等级不得低于C20。②除直径12mm以下的受压钢筋及焊接网或焊接骨架中的光面钢筋以外，其余光面钢筋的端部均应设置弯钩；对于粘结性能好的变形钢筋，其末端可不必设置弯钩。③为了保证钢筋在混凝土中的粘结效果，钢筋在支座必须具有足够的锚固长度，其值的大小按照《混凝土结构规范》确定。

二、钢筋混凝土结构设计原则

1. 结构的功能要求

建筑结构在规定的时间内（设计基准期为50年），在规定的条件下（正常设计、正常施工、正常使用和正常维护），应满足下列功能的要求：

（1）安全性：建筑结构在正常施工和正常使用时，能承受可能出现的各种作用，以及偶然事件发生时及发生后，仍能保持必需的整体稳定性。

（2）适用性：建筑结构在正常使用时具有良好的工作性能，如不发生影响正常使用的变形和裂缝宽度。

（3）耐久性：建筑结构在正常维护条件下具有足够的耐久性能，如不发生由于保护层碳化或裂缝宽度开展过大导致钢筋的锈蚀，混凝土不发生严重风化、老化、腐蚀而影响结构的使用寿命。

建筑结构满足了以上功能的要求，称结构为"可靠"；否则，称结构是"不可靠"或"失效"。对失效的建筑结构要采取措施对其进行维修、补强、加固，甚至拆除。

2. 结构的设计原则

按照结构功能的要求，承重结构或构件在使用期间内要满足承载力及稳定性的要求，同时还要有足够的刚度，对某些构件需要控制变形值和裂缝宽度，防止因变形过大、裂缝过宽影响使用。

(1) 承载能力的要求

构件的承载力也称结构的抗力，是指其承受作用效应的能力，它取决于构件截面的几何形状、配筋数量以及材料的性能。为了保证结构安全可靠，这就要求作用在结构上的荷载或其他作用（如地震、温度影响等）对结构产生的荷载效应 S（如弯矩、剪力等）不超过结构的抗力 R（如承载力、刚度、抗裂度等），即：$S \leqslant R$。

(2) 变形要求

构件在荷载的作用下产生变形，尤其是受弯构件更为突出。对于一般的钢筋混凝土梁、板构件，允许的挠度为 $l_0/200$；钢筋混凝土吊车梁的允许挠度为 $l_0/600$。因此，必须控制在允许的范围内。

(3) 裂缝要求

钢筋混凝土构件一般是带着裂缝工作的，混凝土裂缝有微裂和宏观裂缝，微裂是肉眼不可见的，肉眼可见的裂缝一般在 0.05mm，大于 0.05mm 的裂缝称为宏观裂缝。对处于正常条件下的一般构件、屋面梁、托梁，混凝土最大裂缝宽度的控制标准为 0.3mm；正常条件下的屋架、重级工作制吊车梁，混凝土最大裂缝宽度的控制标准为 0.2mm。因此，必须控制在允许的范围内。

第二节　钢筋混凝土基本构件破坏形态及构造要求

一、梁的破坏及其构造要求

1. 梁的破坏

钢筋混凝土受弯构件，在破坏荷载作用下，构件可能在弯矩较大处沿着与梁的轴线垂直的截面（称正截面）破坏（图 3-3a）；也可能在支座附近沿着与梁的轴线倾斜的截面（称斜截面）破坏（图 3-3b）。

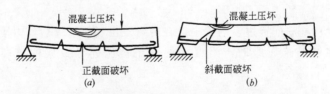

图 3-3　梁的破坏情况
(a) 正截面破坏；(b) 斜截面破坏

(1) 受弯构件正截面的破坏形式

大量的钢筋混凝土梁的试验结果表明，梁的正截面破坏形式与钢筋含量、混凝土强度等级、截面形式等有关,影响最大的是配筋率。随着纵向受拉钢筋配筋率不同,钢筋混凝土梁正截面可能出现适筋、超筋、少筋等三种不同性质的破坏。

1) 适筋破坏

正常配置受拉钢筋的梁,它的破坏过程是:在荷载作用下,受拉钢筋首先达到屈服强度,然后受压区混凝土达到弯曲受压极限变形,梁截面破坏。

适筋破坏的特征:破坏前梁出现了较宽的裂缝,较大的挠度,钢筋的塑性变形较大,破坏前可以看到明显预兆,便于采取必要的安全措施,这种破坏形态为塑性破坏,这种梁称为适筋梁,如图3-4(a)所示。

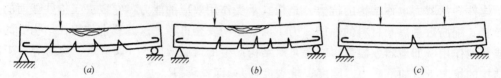

图3-4 梁的三种破坏形式
(a)适筋梁(塑性破坏);(b)超筋梁(脆性破坏);(c)少筋梁(脆性破坏)

2) 超筋破坏

过多配置纵向受拉钢筋的梁,它的破坏过程是:在荷载作用下,受压区混凝土边缘首先达到弯曲受压的极限变形,而受拉钢筋没有达到屈服强度。由于混凝土被压碎,梁截面破坏。

超筋破坏的特征:梁破坏前出现的裂缝和挠度都很小,突然破坏,缺乏足够的预兆,这种破坏形态为脆性破坏,这种梁称为超筋梁,如图3-4(b)所示。

3) 少筋破坏

过少配置纵向受拉钢筋的梁,它的破坏过程是:在荷载作用下,受拉区混凝土一旦开裂,因纵向钢筋数量太少,钢筋的拉应力立即进入屈服阶段,甚至被拉断,而受压区混凝土尚未被压碎,如图3-4(c)所示。

少筋破坏特征:梁受拉区一裂即坏,此梁裂缝宽且挠度大,破坏很突然,这种破坏形态为脆性破坏,这种梁称为少筋梁。

(2) 梁斜截面的破坏形式

影响斜截面破坏形式的因素很多,如:截面尺寸、混凝土强度等级、荷载形式、箍筋和弯起钢筋的含量等,其中影响较大的是配箍率。根据箍筋用量等不同,梁斜截面的破坏形式有斜压破坏、剪压破坏和斜拉破坏三种主要破坏形式。

1) 斜压破坏

这种破坏发生在箍筋配置过多的梁中,在剪弯段出现斜裂缝后,由于箍筋太多,箍筋应力增长缓慢,在箍筋未屈服时,梁腹部混凝土被压碎导致梁的破坏。如图3-5(a)所示。

2) 剪压破坏

当配筋率适当时,斜裂缝出现后箍筋应力增大,箍筋的存在限制了斜裂缝的延伸开展,使荷载有较大的增长。随着荷载的增大,通常箍筋应力先到达屈服,箍筋应力到达屈服后,其限制斜裂开展的作用消失,最后受压区混凝土在剪压作用下达到极限强度,梁丧失其承载力,如图3-5(b)所示。

3) 斜拉破坏

这种破坏发生在箍筋配置过少的梁中，斜裂缝一旦出现，箍筋应力立即达到屈服强度，斜裂缝迅速延展到梁的受压边缘，构件裂为两部分。破坏前没有预兆。如图3-5(c) 所示。

上述三种破坏形式均属于脆性破坏，其中斜压、斜拉破坏尤为突然。

2. 构造要求

梁中一般配置下面几种钢筋：纵向受力钢筋、箍筋、弯起钢筋、架立钢筋、纵向构造钢筋，如图3-2所示。

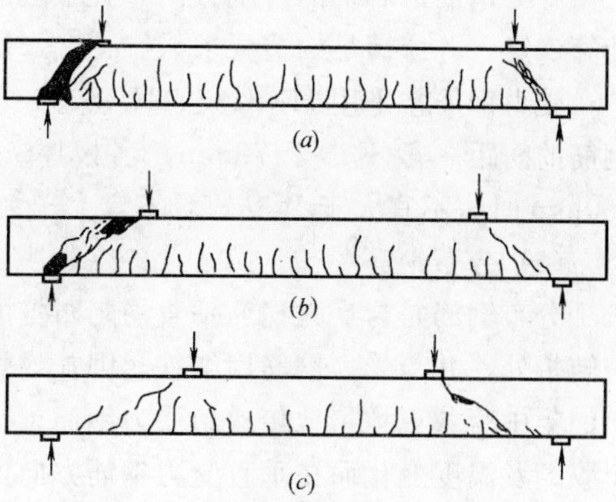

图3-5 梁斜截面的破坏形式
(a) 斜压破坏；(b) 剪压破坏；(c) 斜拉破坏

(1) 纵向受力钢筋

纵向受力钢筋布置在梁的受拉区，承受弯矩作用而产生的拉力，常用HPB235、HRB335、HRB400级钢筋。有时在构件受压区也配置纵向受力钢筋与混凝土共同承受压力。纵向受力钢筋的数量由计算确定，常用的直径10~28mm，一般不得小于2根。在浇筑混凝土时，要保证钢筋的位置。

(2) 箍筋

箍筋主要是承担剪力的，在构造上还能固定受力钢筋的位置，以便绑扎成钢筋骨架。箍筋一般采用HPB235级钢筋，其数量（直径和间距）由计算确定。箍筋直径根据梁高确定，当梁高小于800mm时，直径不小于6mm；当梁高大于800mm时，直径不小于8mm。

(3) 弯起钢筋

弯起钢筋由纵向受拉钢筋弯起而成。弯起钢筋在跨中附近和纵向受拉钢筋一样可以承担正弯矩，在支座附近弯起后，其弯起段可以承受弯矩和剪力共同产生的主拉应力。

(4) 架立钢筋

架立钢筋设置在梁的受压区并平行纵向受拉钢筋，承担因混凝土收缩和温度变化产生的应力。常用直径有6、8、10mm等。

3. 梁中纵向受力钢筋的混凝土保护层厚度

为了防止钢筋锈蚀，保证钢筋与混凝土之间有足够的粘结强度，钢筋外缘至构件较近边缘的距离称混凝土保护层。在正常情况下，当混凝土强度等级小于或等于C20时，混凝土保护层厚度为30mm；当混凝土强度等级大于C25时，混凝土保护层厚度为25mm。

二、板的破坏及其构造要求

1. 板的破坏

由于板荷载较小，截面相对较大，一般不会发生斜截面破坏。板的正截面破坏形式同梁相同，这里不再重复。

2. 板的构造

板中通常配置两种钢筋：即受力钢筋和分布钢筋，如图3-2所示。

(1) 受力钢筋

受力钢筋沿着板的跨度方向布置在板的受拉区,承受弯矩作用产生的拉力,其数量由计算确定,并应满足构造要求。

受力钢筋常采用HPB235、HRB335级钢筋,直径常采用6、8、10、12mm等。受力钢筋的间距一般不小于70mm,当板厚$h \leqslant 150$mm时,不宜大于200mm;当板厚$h > 150$mm时,不宜大于$1.5h$,且不宜大于250mm。

(2) 分布钢筋

分布钢筋是与受力钢筋垂直均匀布置的构造钢筋,位于受力钢筋内侧及受力钢筋的所有转折处,并与受力钢筋用细铁丝绑扎或焊接在一起,形成钢筋骨架。其作用是:将板面上的集中荷载更均匀地传递给受力钢筋;在施工过程中固定受力钢筋的位置;抵抗因混凝土收缩及温度变化而在垂直受力钢筋方向产生的拉力。

分布钢筋采用HPB235级钢筋,直径不宜小于6mm,截面面积不应小于单位长度上受力钢筋截面面积的15%。分布钢筋间距不大于250mm,对集中荷载较大的情况,分布钢筋的截面面积要适当增加,其间距不宜大于200mm。

3. 板中纵向钢筋的混凝土保护层厚度

在正常情况下,当混凝土强度等级小于或等于C20时,混凝土保护层厚度为20mm;当混凝土强度等级大于C25时,混凝土保护层厚度为15mm。

三、柱的破坏及其构造要求

1. 轴心受压柱的破坏形式

当钢筋混凝土柱比较短($l/b \leqslant 8$)的时候,整个柱子破坏时,柱子四周出现明显的纵向裂缝,纵向受力钢筋屈服,混凝土被压碎。对于细长的钢筋混凝土柱,破坏前将发生纵向弯曲,长柱在弯矩和轴力共同作用下发生破坏,其破坏是脆性破坏。

2. 偏心受压柱的破坏形式

(1) 大偏心受压破坏

当纵向力相对偏心距较大,且距纵向力较远的一侧钢筋配置得不太多时,发生大偏心受压破坏。这种破坏是:首先在受拉区出现横向裂缝并不断地开展。破坏时受拉钢筋先达到屈服强度,混凝土受压区迅速减小,最后受压区混凝土达到极限压应变而被压碎,其破坏是塑性破坏。

(2) 小偏心受压破坏

当纵向力相对偏心距较小,或偏心距较大但离纵向力较远的一侧钢筋配置得很多时,发生小偏心受压破坏。这种破坏是:首先离纵向力较近的一侧的混凝土达到极限压应变而被压碎,离纵向力较远的一侧钢筋没有达到屈服强度,横向裂缝并不明显,其破坏是脆性破坏。

3. 构造要求

混凝土的强度等级不低于C20,且以强度高为宜。对于高层建筑的底层柱可采用C40以上的混凝土。受压构件不宜采用高强钢筋,一般采用HPB235、HRB335、HRB400级钢筋。

柱中的纵向受力钢筋布置在周边或两侧,直径不宜小于12mm,全部纵向受力钢筋的配筋率不宜大于5%。

箍筋的直径一般不宜小于$d/4$(d为纵向钢筋的最大直径),且不应小于6mm;间距不应大于 400mm，且不应大于构件截面的短边尺寸；同时在绑扎骨架中不应大于 $15d$，在焊接骨架中不应大于 $20d$（d 为纵向钢筋的最小直径）。

4. 柱中纵向受力钢筋的混凝土保护层厚度

在正常情况下，柱中纵向受力钢筋的混凝土保护层厚度为 15mm。

第三节 钢筋混凝土结构的缺陷及检查

一、钢筋混凝土结构缺陷及产生原因

1. 钢筋混凝土缺陷的表现

（1）外观缺陷：如麻面、蜂窝、露筋、孔洞、层隙、胀裂、掉角、磨损、剥落、风化、倾斜、制作及安装偏差、构件的变形等。

（2）隐蔽缺陷：如混凝土的强度等级不足，混凝土内部空洞和蜂窝，钢筋的数量不足、位置不对，钢筋绑扎、焊接质量不良，钢筋锈蚀等。

2. 造成缺陷的原因

缺陷的存在降低了构件的承载能力、刚度、抗裂度，破坏了构件截面内部的协调工作，加剧了裂缝的产生，降低了材料的耐久性能，造成钢筋混凝土结构缺陷的原因主要是以下四个方面：

（1）设计方面：混凝土结构或构件的设计承载力及工作条件与实际不符造成构件开裂、变形和腐蚀等；所设计的构件截面过于单薄，钢筋配置不足或布置不当而造成构件开裂；基础结构处理不当而造成过大的沉降差；在地震区房屋设计未考虑抗震设防要求等。

（2）施工方面：所用材料强度低劣、混凝土配合比不准而影响质量；混凝土浇灌振捣或养护时间不足造成缺陷；现浇构件所采用模板的刚度不足或安装不当造成构件变形或位移等。

（3）维护使用方面：由于混凝土表面缺陷没有及时维护，使氧和水渗入造成钢筋锈蚀；个别房屋使用中超载造成结构变形和开裂；混凝土收缩裂缝、温度裂缝等。

（4）自然界方面：火灾、地震、海啸等对钢筋混凝土结构产生损坏，沿海地区腐蚀介质的作用等。

3. 混凝土裂缝原因分析

混凝土裂缝非常普遍，不少钢筋混凝土结构的破坏都是从裂缝开始的。因此必须重视混凝土裂缝的分析和处理。在钢筋混凝土结构中，混凝土收缩、温度变化、施工工艺、设计因素等均会引起构件开裂。

（1）收缩裂缝

收缩裂缝最为常见，主要为塑性收缩、干燥收缩和自主收缩。

塑性收缩发生在混凝土凝固阶段，水泥水化反应较强烈，混凝土中水分蒸发很快，尤其是水灰比过大的混凝土塑性收缩很大。

干燥收缩发生在混凝土凝固后，随着混凝土表面的干燥，混凝土内部失水较慢，内外变形的差异，使表面混凝土产生拉应力，而此时混凝土强度较低，便产生了干缩裂缝。

自主收缩发生在混凝土的后期硬化过程中，由于水泥的水化反应使体积缩小，尤其是硅酸盐类水泥的拌制的混凝土收缩大。

(2) 温度裂缝

当环境温度发生变化时，混凝土将发生变形。当变形遭受到刚度、强度较大的构件约束时，便产生温度应力，当温度应力超过混凝土抗拉强度时就产生温度裂缝。

(3) 施工工艺因素引起的裂缝

1) 模板支撑系统刚度不足或稳定性不良，造成局部变形过大，易产生平行于板边的跨中裂缝；拆模时间过早，结构无法承受自重而出现跨中裂缝。

2) 混凝土配合比不正确；混凝土振捣不密实，养护不良。

3) 钢筋绑扎不规范，最常见的是负弯矩钢筋未设置足够的马凳筋，承载力降低；角部施工时省略了构造钢筋，造成配筋不足。

4) 过早的施加施工荷载；超载也是造成混凝土早期裂缝的主要因素。

(4) 设计因素引起的裂缝

1) 由于支座的沉降差引起的裂缝。基础设计往往是一致的，而每根柱的荷载不一定相同，必然产生不均匀沉降导致梁、板、柱产生裂缝。

2) 设计中构件截面及钢筋用量不足产生的裂缝。如楼板角部未设置放射钢筋，当角部弯矩较大时出现角部裂缝。

3) 楼板中埋设了直径大的水、暖、电等管子，甚至管子交叉、重叠，使局部混凝土厚度太小，很容易出现裂缝。

4) 高层建筑刚度突变处易产生应力集中，造成板角开裂。

5) 没有进行必要的抗裂度验算。

二、钢筋混凝土结构缺陷的检查

混凝土构件修缮时，应查明混凝土的强度等级，风化、酥松、碳化、剥落状况以及钢筋的数量和锈蚀的程度；柱、梁、板中部、端部和悬臂构件、板端部的裂缝程度；构件挠曲、位移程度。

1. 混凝土的检查

1) 混凝土强度的检查

混凝土的强度检查，可采用回弹仪法、钻芯取样法、超声回弹综合法和拉拔法等方法，选取混凝土表面上有代表性的部位检查。

2) 混凝土材料耐久性的检查

混凝土材料耐久性检查可采用目测进行，选取有代表性部位观测、记录材料变质、破坏的情况。混凝土的碳化深度可采用喷洒酚酞酒精液测定。

3) 混凝土裂缝的检查

混凝土构件的裂缝宽度的检查，可采用裂缝测定仪、放大镜、超场仪、千分表和定期观察等方法，观察、分析裂缝类别，测定裂缝宽度、深度等。

2. 钢筋的检查

钢筋的检查是查明钢筋数量及保护层厚度，可用仪器测定或开凿实测，选取有代表部位，凿去保护层，暴露出钢筋，观察、记录锈蚀的程度，并对钢筋锈蚀断面削减后承载力进行复核。

3. 混凝土构件截面的检查

混凝土柱、梁、板等构件截面，应采用实际量测确定。

4. 结构变形的检查

由于设计中造成的钢筋用量不足，混凝土构件必然产生变形和结构裂缝，可用经纬仪、塔尺等检查垂直度和挠度，并采取有效的加固措施。

第四节　钢筋混凝土结构的维修

一、混凝土表面缺损的维修

混凝土的表面缺损仅限于混凝土表面，尚未超过钢筋的保护层，缺损暂时不影响结构近期使用的可靠性，如任其发展对结构的耐久性会有影响。因此，维修的目的是使建筑物满足外观使用要求，防止风化、侵蚀、钢筋锈蚀等损害结构的核心部分，提高建筑物的使用年限和耐久性。

1. 混凝土构件表面的麻面、小蜂窝维修

采用涂抹水泥浆的方法修补。施工时：在修补部位用钢丝刷刷去表面浮渣，再用压力水冲洗干净，待充分湿润后，用水泥浆（$W/C=0.4$）抹平。

2. 混凝土构件表面的蜂窝、缺棱掉角、酥松、露筋、胀裂维修

采用抹水泥砂浆的方法进行修补。施工时：①先做好清理基层的工作。蜂窝可用凿子全部凿掉不密实部分；缺棱掉角可用小锤轻轻敲掉松动部分；酥松层应凿去，直至露出强度未受损失的新鲜混凝土；因钢筋锈蚀而胀裂的混凝土保护层，应凿去直至露出新鲜混凝土。②凿去表层缺损后，用钢丝刷刷去混凝土表面的浮渣碎屑和外露钢筋的锈蚀层，再用压力水冲洗干净。③用1：2（水泥：砂）的水泥砂浆填满压实抹平即可。④适当的湿水养护，保证修补层的质量。

3. 混凝土构件表面的裂缝维修

沿裂缝切出 15～20mm 深的 U 形或 V 形槽，如图 3-6 所示；槽中灌入材料根据裂缝宽度 δ 决定。$0.01mm \leqslant \delta \leqslant 0.05mm$，灌入聚氨脂；$0.05mm \leqslant \delta \leqslant 0.2mm$，灌入甲醛；$0.2mm \leqslant \delta \leqslant 0.3mm$，灌入环氧树脂；$\delta > 0.3mm$，可直接用水泥灌浆或水泥砂浆修补。

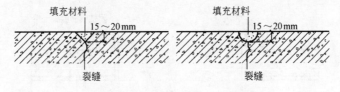

图 3-6　填充用 V 形、U 形槽

为提高修补层与原混凝土之间结合面上的粘结力，可在混凝土基层上先涂刷一层纯水泥浆或界面处理剂，再抹压水泥砂浆。

二、混凝土深层缺损的维修

当混凝土结构的缺损深度超过了构件的混凝土保护层，削弱了构件的有效截面，将影响结构的安全性。因此对深层缺损的维修，不仅考虑表层维修的外观要求，更要达到补强的效果，应采用比原结构混凝土强度高一级的材料，具有良好的粘结性能，与原构件混凝土基层粘结在一起，形成整体共同工作。

1. 混凝土构件上较大或较集中的蜂窝、孔洞及破损维修

采用比构件原混凝土强度高一级的细石混凝土进行灌注。施工时：①先将蜂窝或孔洞的不密实部分凿去，并把松动的部分混凝土敲干净。②为使新旧混凝土结合良好，把剔凿好的孔洞用清水冲洗干净，充分湿润并保持72h。③灌注细石混凝土（水灰比≤0.5）。

2. 混凝土构件深度的裂缝维修

对于影响结构安全性的裂缝，可采用在混凝土表面上粘贴碳纤维或粘钢的方法加固，在下一节中介绍。

3. 现浇板上的补洞方法

（1）当洞口宽度 D≤300mm 时，将洞口凿毛，并凿成45°～60°斜面，支模后浇灌高一级强度的混凝土，补平即可。

（2）当洞口宽度 300mm＜D≤1000mm 时，应对洞边的钢筋进行验算，采取如图3-7所示的修补。

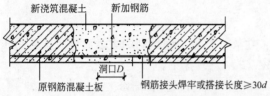

图 3-7 洞口大于 300mm＜D≤1000mm 的修补方法

4. 现浇板上开洞的处理方法

（1）当洞口宽度在 500mm 以下时，如图 3-8 方法进行处理，但是验算原板上钢筋被截断后是否仍满足承载力要求方可施工。

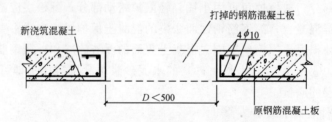

图 3-8 洞口在 500 以下的处理方法

（2）当洞口宽度大于 500mm，应在洞边设混凝土小梁，其中一个方向的二根小梁应伸到原有的梁上，按图 3-9 的方法进行处理。

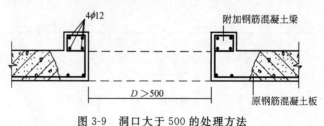

图 3-9 洞口大于 500 的处理方法

第五节 混凝土结构加固与补强

一、混凝土结构加固的构造要求

混凝土构件修缮时，应将混凝土保护层凿毛，露出主钢筋，冲洗干净，表面应涂刷水泥浆。原钢筋与新钢筋应焊接牢固后再灌浇新混凝土。

1. 混凝土柱加固应符合下列要求：

(1) 混凝土柱加固的厚度不应小于60mm，喷射混凝土厚度不应小于50mm，石子直径不应大于20mm，混凝土强度等级不应小于C30。

(2) 加固纵向钢筋，宜用螺纹钢筋，直径应为14～25mm，箍筋不应小于8mm。

(3) 新增纵向钢筋与原纵向钢筋间的净距不应小于20mm，并用短筋焊接牢固，短筋间距不应于大于500mm，直径不应小于20mm，长度不应小于100mm，并设置封闭式箍筋或U形箍筋。

(4) 柱的纵向钢筋下端应锚入基础，如图3-10所示。锚固长度不应小于25d，上部应穿过楼板与上柱锚固。

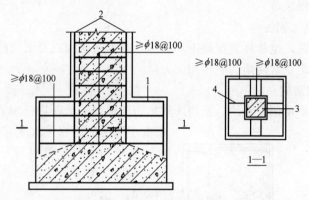

图3-10 加固柱纵向钢筋下端锚入基础
1—12∏筋；2—新加柱套钢筋；3—原有柱子；4—12∏筋 φ12

(5) 采用角钢加固时，其角钢厚度应为5～8mm，角钢边长不应小于75mm，扁钢截面不应小于25mm×3mm；角钢与扁钢应焊接牢固，角钢两端应有可靠的锚固。采用外包混凝土厚度不应小于50mm。

2. 混凝土梁加固应符合下列要求：

(1) 加固的受力钢筋宜采用螺纹钢筋，直径应为12～25mm，并采用封闭或U型箍筋，其直径不应小于8mm。

(2) 加固的纵向钢筋与原纵向钢筋的净间距不应小于20mm，焊接用短钢筋直径不应小于20mm，长度不应小于120mm，短筋间距不应大于500mm，箍筋直径为6～8mm，间距不应小于原箍筋的间距。

(3) 梁加固的纵向钢筋与柱纵向钢筋应焊接牢固，并应直接焊在柱的纵向钢筋上；加固纵向钢筋应伸入支座两端，并不应少于120mm。

3. 混凝土板的加固：混凝土厚度不应小于30mm，钢筋直径宜为6～8mm。

4. 粘钢加固应符合下列要求：

(1) 混凝土强度等级不得小于C15。

(2) 粘钢钢板厚度宜为2～6mm。

(3) 钢板表面抹浆厚度不应小于20mm。

(4) 粘钢加固必须采用高强耐久性好的粘结剂。在受压区采用侧向粘钢加固时，其钢板宽度不应大于梁高1/3；在受拉区不应大于1000mm。粘钢在加固点外的锚固长度在受拉区不应小于钢板厚度的80δ，且不应小于300mm；在受压区不应小于60δ，且不应小于 250mm。

(5) 钢板及其邻近交接处的混凝土表面应进行密封、防水、防腐处理。

二、钢筋混凝土结构的加固与补强的方法

房屋从设计、施工到使用过程中，由于材料老化、环境侵蚀等自然因素，设计失误、施工出错或偷工减料等人为过失，负荷加重、功能改变等使用要求，火灾、地震等自然灾害的作用，以及设计规范的改进、安全储备的提高等原因，大量的房屋结构需要加固和修复。对老化或有病害的钢筋混凝土结构加固是提高其耐久性、延长使用寿命的有效办法。目前主要的加固方法有：加大截面加固法、外包钢加固法、预应力拉杆加固法、粘贴钢板加固法、碳纤维加固法等。

(一) 加大截面加固法

加大截面加固法，也称外包混凝土加固法，是通过增大混凝土构件的截面和配筋，达到提高承载力和满足正常使用的一种加固方法。

1. 混凝土柱的加固

混凝土柱可采取单侧、双侧、或四周增加钢筋混凝土截面进行加固，如图 3-11 所示，根据不同的加固目的和要求，又可分为加大断面为主的加固、加配钢筋为主的加固或两者兼有的加固，配置的钢筋除普通钢筋外，还可采用型钢、钢板等。

对于截面较小的柱子（如 $h \times h \leqslant 500mm \times 500mm$），当新加截面的厚度大于 80mm 时，通过对原柱子表面凿毛、清洗、涂刷界面剂等方法，可保证新老混凝土共同工作。

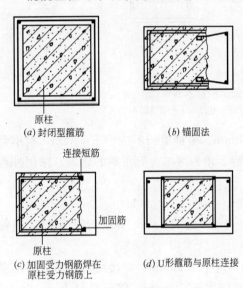

图 3-11 加固钢筋混凝土与原构件的连接示意图

【例 3-1】 某冶炼厂车间为装配式单层工业厂房，跨度 18m，柱距 6m，柱顶标高 13.5m，厂房建于 20 世纪 80 年代，在厂房改造中，需取消④～⑥轴线间的柱子，在④～⑥轴线间加设托梁，以支承⑤轴线屋盖系统。为此，对④、⑥轴线的柱及基础进行加固改造。

该厂房加固柱采用的方案是加大柱的截面，根据计算及构造要求确定柱的几何尺寸、钢筋数量，如图 3-12 所示。该牛腿柱的上柱原为矩形截面，下柱为工字形截面，现加固后均为矩形截面（如阴影部分所示），加固的纵向钢筋和截面沿柱标高不同均有变化，新增的纵向钢筋编号分别为①、②、③、④，直径为 25mm；新增的箍筋编号为⑤、⑥，数量为 Φ8@200，其位置必须与旧箍筋错开。

加固施工要点：

(1) 凿除原柱子抹灰及保护层，露出柱的主筋及箍筋，并清除浮渣，用高压水冲洗。

(2) 为了处理好新旧混凝土的结合界面，防止新混凝土的干缩变形及徐变，在混凝土中掺入水泥用量为 16% 的 GMA 外加剂，使混凝土早强、高强、无收缩、微膨胀，以保证现浇筑的混凝土振捣密实。

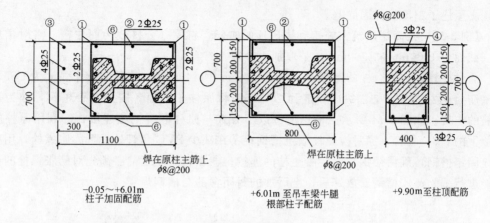

图 3-12 柱的加固

(3) 为了确保屋盖系统的整体刚度，注意加设临时的水平支撑及垂直支撑。（该柱的牛腿和基础加固略）。

对于截面较大的柱子（$b \times h \geqslant 1000mm \times 1000mm$），仅靠界面处理难以保证新老混凝土共同工作，同时，新加的纵向钢筋难以锚固。为此，可采用植筋法和配置型钢等方式与原混凝土柱子联接，以确保其结合面能有效传力，使新老混凝土能共同工作。

【例 3-2】 某高层建筑为框架结构，混凝土采用 C40，柱子尺寸为 1500mm×1500mm。在主体工程完工以后，用回弹取芯等方法对梁柱构件进行检测，结果发现存在混凝土强度低、钢筋移位及轴线偏差大等质量问题。为此，停工加固。

该工程采用在加固柱侧面水平植入 L 形钢筋锚固纵向钢筋的方法，如图 3-13 所示。L 形钢筋垂直段与新加截面的纵向钢筋焊接，采用单面焊，焊缝长度 $10d$。焊接时采取湿布降温的措施，以防止受热后植筋材料受损。根据对植筋进行抗拔试验确定水平段植入柱内的长度。每根柱的加固区段，从下层梁底至上层梁顶。L 形植筋间距为 800mm，水平方向相互错开。

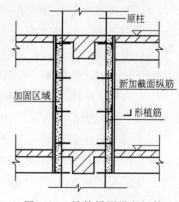

图 3-13 植筋锚固纵向钢筋

加固施工要点：

(1) 将加固面混凝土表面凿毛或打出沟槽，沟槽深度不小于 6mm；打掉原混凝土的棱角，同时除去浮渣、尘土，用压力水将混凝土表面冲洗干净；在混凝土浇筑前，涂刷水泥净浆做界面处理。

(2) 由于新加截面混凝土厚度仅为 100～150mm，且新加截面内钢筋配置较多，因此，对混凝土拌合物性能有特殊要求：粗骨料粒径不能过大，采用 1～2cm；混凝土坍落度不能太小，实际采用坍落度为 16cm；加固混凝土强度等级为 C45，为控制水灰比，加入了高效减水剂。

(3) 每层柱子高度为 3.6～4.5m，分 2 次浇筑，下端混凝土浇筑完及时安装上端模板，保证在下层混凝土初凝前浇筑上层混凝土。

(4) 施工现场采用定时喷水，保证混凝土表面长期湿润，养护时间 21d。采用植筋方法解决了柱子钢筋的锚固问题。

【例 3-3】 某高层建筑在施工到裙房顶的时候,将原办公楼改为商住楼,需对裙房的柱(截面为 1200mm×1200mm)采取加固处理。

通过计算,加固后柱的截面尺寸为 1440mm×1440mm,混凝土设计强度为 C55,加固箍筋为 $\phi12@100$,加固纵向钢筋为 20Φ25。将原柱子四面各安放 2 个槽钢,作为后加箍筋的支架,如图 3-14 所示。槽钢通过以下方式与原柱混凝土相连接:①利用原柱施工时留下的 PVC 套管,穿对拉螺栓固定槽钢;②在缺少 PVC 套管处设置膨胀螺栓,用膨胀螺栓固定槽钢,确保槽钢与原混凝土柱的连接;③在正式施工前必须先对膨胀螺栓的抗拔性能进行试验;④槽钢安放好后,把后加的封闭箍筋与槽钢焊牢。

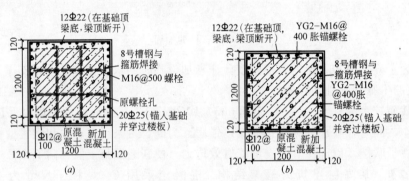

图 3-14 加大截面连接构造
(a)对拉螺栓固定槽钢构造;(b)膨胀螺栓固定槽钢构造

加固施工要点:

(1) 严格按规范要求对原柱混凝土表面凿毛,并将表面打成沟槽,沟槽深度不小于 6mm,间距不大于箍筋间距或 200mm,混凝土的棱角打掉,同时除去浮渣、尘土。

(2) 为了使结合面混凝土的粘结抗剪强度和粘结抗拉强度接近或高于混凝土本身强度,避免结合面过早开裂破坏,在浇灌新混凝土前,喷涂 1 层 30%白乳胶水泥浆界面结合剂。

(3) 为提高结合面的粘结性能,保证新旧两部分能整体工作,共同受力,应使加固结构混凝土收缩性小。为此,在混凝土中加入 12%的 AEA 膨胀剂,使后浇筑的混凝土收缩减少。

(4) 由于后浇筑混凝土仅为 120mm 厚,且在此范围内配有大量的钢筋、槽钢。为保证混凝土的浇筑质量,混凝土的坍落度不能太小,经现场试验,坍落度采用(14±2)cm 为宜。在混凝土中按水泥用量的 1%掺入 FDN-2 高效减水剂,以保证施工混凝土的强度和坍落度。

2. 混凝土梁板的加固

当钢筋混凝土板的强度不足时,可采用如下方法增加板的厚度进行加固:在钢筋混

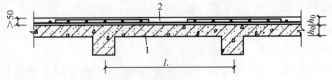

图 3-15 钢筋混凝土板分离式加固
1—原钢筋混凝土;2—新浇钢筋混凝土

土板的上部采取加大截面进行分离式加固，如图 3-15 所示；在钢筋混凝土板的上部采取加大截面进行整体式加固，如图 3-16 所示。

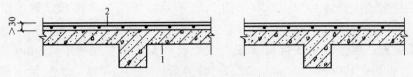

图 3-16　钢筋混凝土板整体式加固
1—原钢筋混凝土；2—新浇钢筋混凝土

当钢筋混凝土梁的强度不足时，可采用加大截面高度、增补钢筋的方法进行加固，如图 3-17 所示；当现浇混凝土梁支座抗弯承载力不足时，可在上部新加钢筋进行加固，如

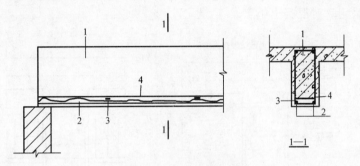

图 3-17　增补钢筋加固
1—混凝土梁；2—新补钢筋；3—焊接短钢；4—原受力钢筋

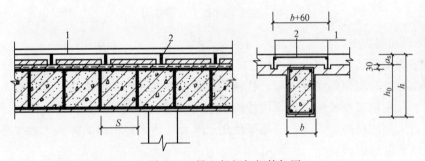

图 3-18　梁上部新加钢筋加固
1—新加负筋；2—新加箍筋

图 3-18 所示；当钢筋混凝土梁抗弯、抗剪承载力均不足时，可在梁四面用钢筋混凝土围套加固，如图 3-19 所示。

【例 3-4】　某框架结构工程原设计活荷载 2kN/m²，采用现浇板厚度 120mm，梁肋高 600～700mm，梁宽 300mm，混凝土强度等级为 C40。该工程在主体施工完成后，将使用功能改变，要求使用功能达到 6～15kN/m²，由此梁板承载力不能满足新的要求，需对梁板加固。

该工程采取加大梁板截面、增补钢筋的方法提高其抗弯强度。在原设计板面上做现浇混凝土叠合层作为独

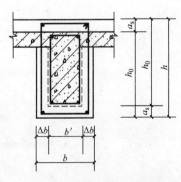

图 3-19　梁四周围套加固

立板承担全部竖向荷载,经计算板的厚度取150mm,板上部锚入墙内的钢筋 $\phi 12@200$。在梁下部新增截面内设置U形箍筋与原设计梁箍筋焊接连接的方法,使梁下部新增截面与原设计梁截面连成整体共同工作,如图3-20所示,加固梁的抗弯计算采用新的梁高900~1000mm(梁加高250~350mm),梁上部钢筋利用原设计的配筋,梁下部钢筋按新的计算结果配置;加固后梁的抗剪承载力按原设计框架梁箍筋 $\phi 8@100mm/200mm$(4肢)、次梁箍筋 $\phi 8@100mm/200mm$(双肢)计算后均为构造要求,为使梁下部钢筋与墙柱有可靠的连接,在梁下部的相关墙柱位置周边设置钢筋混凝土扶壁柱,梁的下部钢筋锚入扶壁柱内 $25d$,并横置 $\phi 25$ 短筋作为构造连接筋,通过扶壁将力传到原结构上。

在加固施工中,新旧混凝土交接部位必须凿毛,墙柱表面要求全高剔凿10mm左右深的不规则毛槽,将基层洗刷干净、湿润,抹素水泥浆等界面剂,除板面外其余新浇筑的部分混凝土须采用喷射混凝土施工。

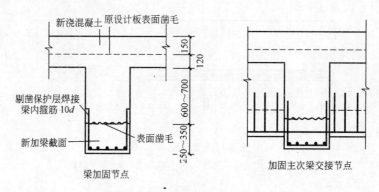

图 3-20 梁板的加固节点示意图

(二)型钢加固法

1. 外包钢加固法

外包钢加固法是在钢筋混凝土梁、柱四周外包型钢的一种加固方法,其优点是:加固后混凝土受到外包钢缀板的约束,原构件的承载力和延性得到提高;构件截面尺寸增加不多,但承载力大幅度提高。因此,适用于使用上不允许增大截面而又需要大幅度提高承载力的混凝土结构的加固。

外包钢加固法分为干式和湿式两种。干式外包钢加固是将型钢直接外包于被加固构件四周,型钢与构件之间无任何连接,此法施工简便,但承载力提高不如湿式外包钢加固有效。湿式外包钢加固是用乳胶水泥浆粘贴或以环氧树脂化学灌浆方法,将角钢粘贴在构件上。若在角钢与构件之间留一定间距,中间浇筑混凝土或砂浆,就成为外包钢和外包混凝

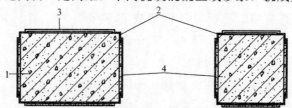

图 3-21 外包角钢加固柱的截面示意图
1—原混凝土柱;2—角钢;3—缀板;4—填充砂浆

土相结合的复合加固方法。图 3-21 所示为湿式外包角钢混凝土柱的加固,图 3-22 所示为外包角钢加固柱剖面,图 3-23 所示为湿式外包型钢加固混凝土梁。

2. 粘贴钢板加固法

粘贴钢板加固法是在混凝土构件表面用特制的建筑结构胶粘贴钢板以提高承载力和正常使用的加固方法。该方法被加固构件基本上不受损伤,可以充分发挥原构件的作用,外粘钢厚度小,加固后构件自重增加少,加固后构件外形变化不大,对建筑功能影响小,施工工艺简单。

当简支梁强度不足时,可在梁下部设置粘贴钢板加固,当钢板粘结强度不足时,在钢板端锚固后粘贴 U 形箍板加固,如图 3-24 所示。

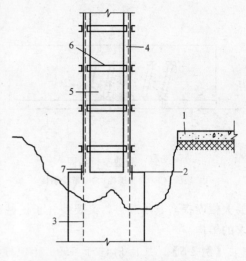

图 3-22 外包角钢加固柱剖面示意图
1—混凝土地坪;2—基础顶;3—基础钢筋;4—加固型钢;5—混凝土柱;6—缀板;7—焊接

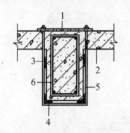 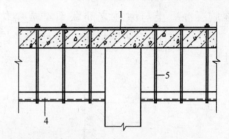

图 3-23 外包型钢加固混凝土梁示意图
1—铁板;2—混凝土;3—扁钢;4—角钢;
5—U 形螺栓;6—原受力钢筋

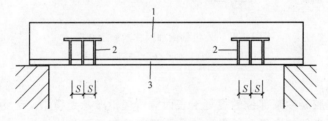

图 3-24 梁端设置的 U 型箍板
1—混凝土梁;2—U 形箍板;3—胶贴钢板

当简支梁抗剪强度不足时,除在梁下部设置粘贴钢板外,在梁端斜裂缝处设置膨胀螺栓加固,如图 3-25 所示。

当连续梁支座受拉区强度不足时,可在支座处粘贴钢板加固,如图 3-26 所示。

3. 外包粘贴钢加固法

外包粘贴钢加固法将外包钢加固与粘钢加固结合起来,用新型结构胶代替乳胶水泥和环氧树脂化学灌浆,同时发挥了外包钢加固技术与粘钢加固技术的优点。该方法适用于既

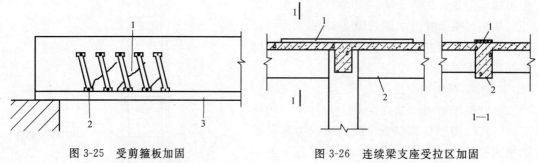

图 3-25 受剪箍板加固
1—裂缝；2—膨胀螺栓；3—带状钢板

图 3-26 连续梁支座受拉区加固
1—胶粘钢板；2—原混凝土梁

要大幅度提高其承载力，又要使柱子横截面积增大不多，且要求整体性强、可靠性高等要求的结构。

【例 3-5】 某厂房建于 1998 年，柱子的混凝土设计强度等级为 C25，上柱尺寸 400mm×450mm，下柱尺寸 400mm×700mm，由于基础的不均匀沉降，使柱子产生水平裂缝，最大缝宽达 0.45mm，为此，对厂房的柱子进行加固。

该工程采用高强胶凝混凝土（或砂浆）少量增大柱子截面，外粘角钢和包钢板，使外包钢套、高强胶凝混凝土与原柱之间联系结成整体，可以大幅度提高柱子的承载力的方案，如图 3-27 所示。图中外粘钢板未注明尺寸者，其宽度均为 100mm，长度等于柱子的断面相应尺寸。

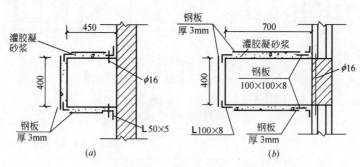

图 3-27 外包粘钢加固柱断面示意图
(a) 上柱加固剖面；(b) 下柱加固剖面

加固施工要点：

(1) 对柱子灌胶凝砂浆部位的混凝土表面应清理干净，无粉尘，无污物；外粘钢板进行清洁，抹胶表面必须打磨出金属光泽并涂刷界面胶剂。

(2) 由下而上焊接粘钢板，每焊接 1 块 50cm 高钢板随即灌浆 1 次，以保证所灌的结构胶凝砂浆密实，如在混凝土上钻孔，应灌胶入孔内。

(3) 灌胶后，立即用方木加压。

(4) 对加固的钢结构进行防腐处理。

(5) 粘钢加固的效果主要取决于粘结施工质量，要严格按比例配胶并充分搅拌。

（三）预应力拉杆加固法

预应力拉杆加固法是采用外加预应力的钢拉杆或撑杆，对结构进行加固的方法。用于加固的拉杆一般是两根，也可以是 4 根拉杆组成，预应力是通过拧紧螺栓装置成对张拉拉杆实现的。

采用预应力钢筋补强钢筋混凝土梁，对结构损伤极小，仅需对楼板开一个供斜杆穿过的孔槽，不需占用大的施工空间，没有湿作业，基本上不增加结构的自重，施工周期短，适用于要求提高承载力，刚度和抗裂度及加固后占用空间小的混凝土承重结构。此方法不适于处在温度高于60℃环境下的混凝土结构，否则应进行防护处理，也不适于混凝土收缩徐变大的混凝土结构。

【例 3-6】 某大楼为框架结构，主体结构完工后，在装修前业主决定在楼顶加装微波通讯设备。根据新增荷载情况，对该楼进行验算后发现，有数根横梁的跨中及支座处的强度不足，必须加固。同时，由于该工程尚未竣工，加固完成经装修后，应在外形上看不出加固的痕迹。

该工程采用预应力下撑式拉杆加固，其构造如图 3-28 所示，水平拉杆采用 2 φ25 HPB 级钢筋，其两端穿过梁下的短钢梁，各用双螺帽固定拧紧，两拉杆中部还安装有横向拉紧螺栓，拧紧螺栓使拉杆伸长靠拢直至加固设计规定的位置，即建立了拉杆的预应拉力。

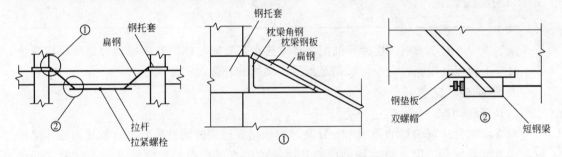

图 3-28 预应力下撑式拉杆加固梁示意图

短钢梁的长度与横梁的宽度相同，顶部设有一块钢垫与横梁接触。短钢梁的端头界面上与斜杆焊接。斜杆采用 Q235 的扁钢，厚 12mm、宽 40mm。扁钢紧贴横梁侧面，以便能让水泥砂浆抹灰层覆盖而不影响梁的外观，扁钢上端与枕梁焊接。枕梁采用较大型号的不等边角钢和厚钢板焊接构成，长度与钢托套宽度相同。枕梁与钢托套焊牢连接。

水平拉杆和斜杆的截面尺寸是按计算确定的，水平拉杆和斜杆的连接点距柱子内边缘的距离经计算取 1500mm 左右。

加固施工要点：

(1) 对需加固的梁进行实地测量，绘出所需金属件的加工图，委托金属结构厂制造。

(2) 安装前先清理整平柱子下部的四周，装紧钢托套，并与枕梁贴紧焊牢。水平拉杆与短钢梁在楼面组装后，置于需加固的梁下，将短钢梁上方的钢垫板就位并用辅助支架向上顶紧，调整就位后斜杆同时与枕梁和梁下短钢梁端板焊接。斜杆穿过楼板上的小开孔紧贴在梁的侧面上。

(3) 通过拧紧预应力水平拉杆两端的双螺帽施加预应力，并配合收紧水平拉杆中部的横向螺栓，加上全部预应力。为保证施加预应力达到计算值，采用测力仪表控制，做好记录。

(4) 焊接外螺帽与水平拉杆。

(5) 对加固过的梁的侧面直接用水泥砂浆抹平，梁底面与拉杆和短钢梁所构成空间填水泥砂浆外罩钢丝网，并进行抹面处理。

该工程加固后，梁的外形看不出加固的痕迹，使用5年效果很好。

（四）化学灌浆补强

化学灌浆补强是将一定的化学材料配制成浆液，用压力注入混凝土裂缝中，经渗透、固化的方法来达到修补混凝土构件的目的。该方法强度高、粘结力强、使用方便。

1. 灌浆材料

用于混凝土构件裂缝修补浆液材料主要是环氧树脂、固化剂、稀释剂、增塑剂、增韧剂等组成的环氧树脂浆液，适用于灌筑0.2mm以上的裂缝。环氧树脂浆液固化物的物理力学性能见表3-3。

环氧树脂浆液固化物的物理力学性能 表3-3

材 料 名 称	抗 压 强 度	抗 拉 强 度
环氧树脂（非活性稀释剂）	36.0	—
环氧树脂（活性稀释剂）	102.3	28.6
JN-L 低黏度灌缝胶	66.0	29.0
C30 混凝土	30.0	2.0

从表3-3可见，采用活性稀释剂配制环氧树脂浆液固化物的各项物理力学性能均高于C30混凝土的强度指标，完全能够满足混凝土结构的补强加固要求。

2. 灌浆施工工艺

（1）裂缝调查

混凝土构件出现裂缝的原因十分复杂，应全面查清裂缝的性质，用读数显微镜等测缝仪器测量裂缝宽度，用超声波检测仪测量裂缝的深度、走向、贯穿情况等，以确定处理方案。

（2）裂缝处理

首先清理裂缝，对裂缝宽度小于或等于0.3mm时，将裂缝两侧表面的灰尘、浮尘用丙酮清理干净；对大于0.5mm裂缝或较深裂缝，为了有效地封缝，沿裂缝用风稿凿成V槽，并用钢丝刷及压缩空气将裂缝内混凝土屑粉尘清理干净。

（3）设置灌浆嘴

根据不同裂缝情况和灌浆要求，孔口灌浆装置有灌浆盒、灌浆嘴，一般不凿槽的裂缝埋设灌浆盒，凿槽的裂缝埋设灌浆嘴。灌浆嘴按裂缝走向设置在裂缝交错处、裂缝较宽处及裂缝端部，其间距根据裂缝大小、走向及结构形式而定，一般缝宽0.5mm时，间距为300～500mm；缝宽5mm时，间距为500～1000mm。在一条裂缝上必须设置进浆、排气或出浆浆嘴。灌浆盒埋设时先在其底盘上抹1层环氧胶泥，后骑缝粘贴在预定位置上。注浆嘴埋设时先在预定位置钻孔，设置灌浆嘴后用环氧胶泥封闭其底部四周。环氧胶泥配合比（重量比）是：环氧树脂：邻苯二甲酸二丁酯：乙二胺：水泥＝100:（10～12）:（6～8）:（200～300）。

（4）封缝

封缝的质量直接影响灌浆效果。先用丙酮清理裂缝两侧，并沿缝敷设少许棉线，以利于浆液的渗透，再沿缝两侧涂1层环氧基液，最后抹1层宽40mm左右的环氧胶泥封缝，抹胶泥时应防止小孔气泡，使其平整、密封。环氧基液配合比（重量比）是：环氧树脂：

邻苯二甲酸二丁酯：乙二胺＝100：(10～20)：(6～8)，也可采用水泥砂浆等其他材料封缝。

(5) 压力试漏

试漏需在封缝胶泥固化后或封缝砂浆养护一定时间，具有一定强度后方可进行压气试漏。试漏前在封缝胶泥处涂刷一层肥皂水，从进浆嘴压入压缩空气（压力与灌浆压力相同）。若有气泡出现，则封闭不严，用胶泥修补。

(6) 灌浆

用手压泵将配制好的浆液沿裂缝由下而上，由浅到深，由一端向另一端压入，进浆后注意观察。当浆液从底部被压到上部时，上部灌浆嘴中会有浆液流出，说明裂缝已被浆液灌满。稳压数分钟后，关闭进浆嘴上的阀门。浆液的渗透深度取决于裂缝的毛细作用和灌浆压力，但灌浆压力过大可能使混凝土构件产生新的劈裂裂缝，因此，灌浆压力常用 0.2～0.4MPa。

3. 安全防护措施

(1) 施工操作人员应穿防护服，配戴标志，不允许用手直接接触化学灌浆材料。
(2) 有挥发的化学灌浆材料应密封储存，并存放在阴凉通风的室内。
(3) 灌浆结束后剩余的浆液及冲洗设备等应妥善处理，防止污染环境。
(4) 操作人员在现场不得吸烟，易燃易爆材料的储存要远离施工现场，隔绝火源。
(5) 现场要配备有化学灭火器及消防设施，操作人员要熟练地使用。

【例 3-7】沿海某建筑物，由于离子的入侵，30％混凝土梁出现裂缝，20％混凝土保护层局部脱落，10％混凝土保护层全部脱落。经抽取钢筋试样发现，钢筋锈蚀率最多达 12％，对承载力和耐久性进行评估后，必须进行加固。

该建筑物的加固如下：

1) 不连续裂缝的封闭和修补

对混凝土表面只有细小的不连续裂缝，且宽度小于 0.4mm 时：①冲掉裂缝处的灰尘和杂质；②用丙酮溶液清洗裂缝及混凝土表面；③用抹刀将环氧树脂类胶封闭较细的裂缝；④用辽宁省建筑科学院生产堵塞 JGN-C 胶和滑石粉搅拌均匀后封闭稍粗的裂缝，要求拌和渗透到裂缝内一定深度。

2) 贯通裂缝的灌浆修补

①用空气泵和丙酮对裂缝内部和裂缝处混凝土表面进行清理；②埋粘注浆嘴；③用 JGN-C 型底胶封闭贯通裂缝，并试气检查封闭情况；④由注浆嘴注浆，灌浆结束后扎好胶管，排除多余浆液；⑤灌浆材料固化。

3) 混凝土保护层的修补

混凝土保护层发生脱落的部位钢筋锈蚀较严重。①凿除脱落的混凝土保护层；②除锈，保证钢筋表面基本无锈层；③凿毛混凝土衔接面，对受污染的表面用丙酮清洗；④在锈蚀钢筋表面涂环氧树脂；⑤在梁侧立模板，在板底混凝土凿除的部分放置镀锌钢丝网，并与钢筋点焊连接，然后用 C35 细石混凝土修补；⑥对修补的混凝土进行保养护。

加固施工 3 年后对该结构再次检查，混凝土表面没有新的锈斑和裂缝出现。

(五) 碳纤维布加固法

碳纤维布加固法是碳纤维布通过粘结剂加固结构的一种新型的加固方法。20 世纪 80

年代，美、日等国开始应用纤维材料加固结构物的技术，近几年我国也逐渐推广使用，2002年国家颁布了碳纤维布加固修复结构技术标准。纤维材料尤其碳化纤维材料（CFRP）具有强度高、弹性模量高、质量轻、抗腐蚀能力强、耐疲劳性能好、减振性能好、无电池感应等特性。

碳纤维材料有片材（包括碳纤维布，碳纤维板）、棒材（如碳纤维索，碳纤维筋）、碳纤维网格、碳纤维缠绕型材、碳纤维模压型材等。目前以由碳纤维聚合物（CFRP）加工而成的超薄（0.05~0.4mm）可卷布状材料（简称碳纤维布）应用最多。这种加固方法具有不破坏原结构，施工简单的优点。加固完成后，无须再投入维修费用，使用寿命长。

【例3-8】 某单位厂房为8层，框架结构，桩基础，由于不均匀沉降（最大达到12cm）导致该厂房1~6层的大部分梁出现宽为0.2~4.5mm的裂缝，有些裂缝贯通梁的全高。经鉴定，构件可靠性为C级，需立即对梁进行加固。

考虑到现场施工条件复杂、工程量大、施工工期紧，经多方案比较，决定采用碳纤维布进行加固处理，粘贴碳纤维布的材料采用YZJ-C长江牌碳纤维专用胶。通过验算梁采用带"U"形布锚贴2层碳纤维布进行加固，如图3-29所示。

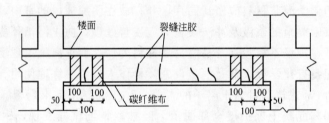

图 3-29 碳纤维布加固梁示意图

加固施工要点：

（1）将需加固补强的2~7层厂房内的设施全部搬走，卸去楼面荷载，不能御荷载的梁可用千斤顶施加反向力卸荷载。

（2）清理梁表面，混凝土基面必须仔细打磨，去除其表面劣化部分，直到露出完整新鲜的混凝土结构层。

（3）裂缝注胶补强，所有裂缝先用密封胶封堵后用压缩机向缝内注胶粘合裂缝达到补强效果。

（4）密封裂缝埋设注胶嘴。

（5）粘贴碳纤维布加固，在梁底贴两层100mm宽碳纤维布，同时在梁两头用U形碳纤维布对底部碳纤维布再进行锚固。

（6）当需搭接碳纤维布时，搭接长度要大于150mm，搭接处要加U形布锚固。

（7）每遍粘贴完毕立即用辊子沿纤维方向反复滚压，挤出气泡使粘贴树脂胶充分浸渍碳纤维布，最后一遍浸渍胶刷完，用塑料膜盖住压紧木模板养护，也可在其表面涂一层保护漆。

（8）粘贴用胶的配比要安排专职人员操作，严格按照说明书要求进行。

该厂房加固经过3年的使用，未出现裂缝，原挠曲较大的梁也未出现明显变形，表明碳纤维布加固梁是成功的。

【例3-9】 某住宅楼建于1988年，采用预应力陶粒混凝土空心楼板，在使用过程中发现楼板不断出现横向裂缝，为此对部分住宅进行了检测。检测结果分析表明，由于陶粒材料密实度较差，在多年使用过程中由于骨料压缩以及部分用户使用荷载过大等因素导致空心板产生0.2~0.4mm裂缝。因此，必须对现有楼板进行加固。

该住宅采用的是碳纤维布和碳纤维专用粘合剂对出现裂缝的楼板进行加固，如图3-30所示。100mm×0.167mm碳纤维布布置在楼板长向以加强楼板的受力性能，100mm×0.111mm碳纤维布粘贴在板的横向裂缝处，以封闭板裂缝，防止钢筋进一步锈蚀。

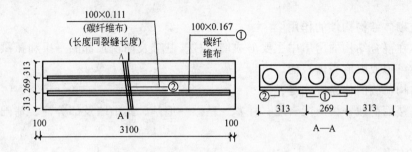

图3-30 板底粘碳纤维加固示意图

混凝土结构的加固方法很多，除了上述的几种加固方法外，还有水泥灌浆、喷射混凝土、改变受力体系等方法。在实际工程中，应根据具体情况选择加固效果好，技术可靠，施工简便及经济合理的加固方法。例如：对于裂缝过大而承载力足够的构件采用增大纵向钢筋的加固方法是不可取的，有效的办法是采用外加预应力拉杆、外加预应力撑杆或改变受力体系的加固方案；当结构构件的承载力足够，但刚度不足时，宜优先选用增大构件截面尺寸或增设支点的方法。

复习思考题

1. 简述梁、板、柱中各种钢筋的作用和构造要求。
2. 简述钢筋混凝土梁、柱的受力破坏形态及其属性。
3. 钢筋混凝土常见的质量缺陷有哪些？试分析其产生的原因。
4. 试述钢筋混凝土的裂缝种类及其特征。
5. 混凝土结构修缮时应查明的内容是什么？
6. 混凝土结构的加固方法有那几种？
7. 混凝土柱的加固有哪些构造要求？
8. 混凝土梁的加固有哪些构造要求？
9. 试述加大截面加固法的类型和适用范围。
10. 试述外包钢加固法的类型。
11. 试述化学灌浆的工艺流程。
12. 粘贴钢板前对混凝土构件如何进行表面处理？
13. 试述预应力拉杆加固方法的原理。
14. 试述碳纤维材料的种类。
15. 试述碳纤维布加固方法的特点。

第四章 砖砌体结构的维修

第一节 砖砌体结构的一般知识

一、砖砌体结构构件的作用

砖砌体在混合结构的房屋中主要形成墙、柱、基础及门窗顶部的平拱和弧拱过梁,特殊结构中亦可形成弧形壳体板面。

砖混结构荷载的传递方式是:

屋面、楼面荷载→板→梁→墙(柱)→基础→地基。其中墙及部分柱、基础的材料采用砖砌体。

1. 墙的作用

(1) 承重作用:承受屋顶、楼板等构件传下来的荷载,同时还承受风力、地震力、自重等荷载。

(2) 围护作用:抗御风、雨、雪、太阳辐射、噪声等自然的侵袭,保证建筑物内具有良好的生活条件。

(3) 分隔作用:建筑物内的纵横墙和隔墙将建筑物分隔成不同大小的房间,以满足不同的使用要求。

2. 柱的作用

承受梁、屋架等传来的荷载。

3. 基础的作用

将建筑物全部的荷载传递给下面的地基和土层。

砖砌体在混合结构的房屋中是主要的竖向承重构件,因此,砖砌体应有足够的强度、刚度和耐久性,以保证建筑物的使用要求。

二、砖砌体结构的强度及构造要求

(一) 砖砌体的强度

砖砌体是由砖与砂浆砌合而成,其强度取决于砖和砂浆的强度,此外,砌体的组砌方式、施工操作质量等也影响砌体强度。常用的砖包括普通砖和空心砖两大类。常用的砂浆主要有水泥砂浆、水泥石灰砂浆、石灰砂浆和黏土砂浆等。

1. 砌体材料的强度

(1) 砂浆的强度等级:砌体结构中常用的砂浆强度等级根据抗压强度平均值确定,主要有 M15、M10、M7.5、M5、M2.5 等五个等级。此外施工阶段砂浆尚未硬化的新砌砌体的强度和稳定性,可按砂浆强度为零进行验算。

(2) 砖的强度等级:根据砖的抗压强度和抗折强度确定,主要包括 MU30、MU25、MU20、MU15、MU10 等五个级别。

(3) 材料的选用

根据《砌体结构设计规范》(GB 50003—2001) 规定:

1) 五层及五层以上房屋的墙,以及受振动或层高大于6m的墙、柱所用的砖最低强度等级为MU10,砂浆的最低强度等级M5。

2) 底面以下或防潮层以下的砌体和潮湿房屋的墙,所用材料强度等级应符合表4-1的要求。

底面以下或防潮层以下砌体、潮湿房间的墙所用材料的最低强度等级　　　　表4-1

土的潮湿程度	烧结普通砖、蒸压灰砂砖		混凝土砌块	石　材	水泥砂浆
	严寒地区	一般地区			
稍潮湿的	MU10	MU10	MU7.5	MU30	M5
很潮湿的	MU15	MU10	MU7.5	MU30	M7.5
含饱和水的	MU20	MU15	MU10	MU40	M10

注:1. 在冻胀地区,底面以下或防潮层以下的砌体,不宜采用多孔砖,如采用时,其孔洞应用水泥砂浆灌实。当采用混凝土空心砌块时,其孔洞应采用强度等级不低于C20的混凝土灌实。
2. 对安全等级为一级或设计使用年限大于50年的房屋,表中材料强度等级应至少提高一级。

2. 砖砌体强度

砖砌体强度包括抗压强度、抗拉强度和抗剪强度。其中抗压强度是砖砌体的主要指标。砖砌体的抗压性能与单一的匀质材料有很大区别,其抗压强度低于块材的强度。实验表明,轴心受压砖砌体中的砖实际处于受弯、受剪、受拉和局部承压等的复杂受力状态。所以砌体的抗压强度在远小于砖的抗压强度时就开始产生裂缝。砖砌体的抗压强度见表4-2和表4-3。

烧结普通砖、烧结多孔砖砌体抗压强度设计值(MPa)　　　　表4-2

砖强度等级	砂浆强度等级					砂浆强度
	M15	M10	M7.5	M5	M2.5	0
MU30	3.94	3.27	2.93	2.59	2.26	1.15
MU25	3.60	2.98	2.68	2.37	2.06	1.05
MU20	3.22	2.67	2.39	2.12	1.84	0.94
MU15	2.79	2.31	2.07	1.83	1.60	0.82
MU10	—	1.89	1.69	1.50	1.30	0.67

蒸压灰砂砖和蒸压粉煤灰砖砌体抗压强度设计值(MPa)　　　　表4-3

砖强度等级	砂浆强度等级				砂浆强度
	M15	M10	M7.5	M5	0
MU25	3.60	2.98	2.68	2.37	1.05
MU20	3.22	2.67	2.39	2.12	0.94
MU15	2.79	2.31	2.07	1.83	0.82
MU10	—	1.89	1.69	1.50	0.67

3. 影响砌体抗压强度的因素

影响砌体抗压强度的因素主要有以下几方面:

(1) 砖和砂浆的强度等级

砖砌体的抗压强度主要与块材和砂浆的等级有关,提高砖的等级可以增加砌体的抗压、抗弯和抗拉能力;提高砂浆的等级可以减小砂浆的横向应变,改善砌体的受力状态。

但是砂浆的等级对砌体抗压强度的影响没有块材影响大。因此，一般情况下不宜用提高砂浆等级来提高构件的承载力，而提高块材等级或加大截面尺寸会更有效。

（2）块材尺寸

砌体强度随块材厚度增大而增大，随块材长度增加而减小。

（3）砂浆的流动性及砌体灰缝的饱满程度

砂浆的流动性及砌体灰缝的饱满程度直接影响砌体的灰缝厚度及密实程度，从而影响砌体的强度。《砌体工程施工质量验收规范》GB 50203规定，砖砌体采用的砂浆流动性为70～100mm；砖砌体的水平灰缝饱满度不得低于80％，灰缝厚度在8～12mm为宜，一般采用10mm。

（4）砌体的组砌方式

上下错缝、内外搭接、横平竖直、砂浆饱满是砌体施工质量的整体要求。其中错缝搭接的搭接长度不小于1/4砖长（60mm），这就要求组砌合理。抗震地区一般采用一顺一丁、三顺一丁、梅花丁的组砌方法。砂浆和搭缝砖的作用是将砖连接成整体，砌合不好将直接影响砌体强度。

砌筑质量也是影响砌体抗压强度的重要因素。

（二）砖砌体的构造要求

1. 墙、柱的构造要求

（1）受振动或层高大于6m的墙、柱所用的砖最低强度等级为MU10，砂浆的最低强度等级M5。

（2）承重的独立砖柱最小截面尺寸240mm×370mm，构造柱最小截面可采用240mm×180mm。

（3）砖砌体的转角处、交叉处应同时砌筑，不能同时砌筑时，必须留槎。槎为斜槎，槎长不应小于高度的2/3。留直槎时必须做成阳槎，并加设拉结钢筋，其数量每120mm墙厚放置一根$\phi 6$的钢筋，每边伸入墙体长度不小于500mm。钢筋端部应做90°弯钩。

（4）在跨度大于6m的屋架或跨度大于4.8m的梁支座处，应设置混凝土或钢筋混凝土梁垫。

2. 砖过梁的构造要求

（1）砖平拱过梁

用整砖侧砌而成，高度不小于240mm，厚等于墙厚，拱脚处两边做成1/6～1/4斜坡。过梁底部灰缝厚度不小于5mm，顶部不大于15mm。

（2）钢筋砖过梁

过梁尺寸：长不小于洞口宽度加2×240mm，厚等于墙厚，高为不小于1/4洞口宽，在此范围内砖等级不低于MU7.5，砂浆等级不低于M5，其底部配置3根直径为6～8mm的钢筋，并设90°弯钩埋入竖缝内。

（3）圈梁的构造

1）圈梁应设置在墙的同一水平面上形成封闭圈。

2）钢筋混凝土圈梁的宽度一般与墙厚度相等，当墙厚度大于240mm时，圈梁宽度不宜小于墙厚度的2/3，高度不小于120mm，一般为砖厚度的整数倍；混凝土等级不低于C15，配筋应符合表4-4要求。

砖房圈梁配筋要求　　　　　　　　表 4-4

配　筋	设　防　烈　度		
	6、7	8	9
最小纵筋	4φ10	4φ12	4φ14
最大箍筋间距(mm)	250	200	150

3) 当圈梁被洞口切断时，应在洞口上部设置附加圈梁，附加圈梁的设置如图 4-1 所示。

（4）构造柱

构造柱作用是与圈梁一起形成整体骨架，增强建筑物的延性，提高抗震能力。

1) 设置位置应符合表 4-5 的要求。

2) 构造应符合下列要求：

A. 构造柱钢筋：纵筋宜采用 4φ12 钢筋，箍筋间距不大于 250mm，且在柱上下端应适当加密；7 度区超过 6 层、8 度区超过 5 层和 9 度区

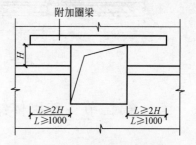

图 4-1　洞口处附加圈梁构造图

砖缝构造柱设置要求　　　　　　　　表 4-5

房屋层数				设　置　部　位
6度	7度	8度	9度	
4、5	3、4	2、3		外墙四角，错层部位横墙与外纵墙交接处，大房间内外墙交接处，较大洞口两侧	地震烈度为 7、8 度时，楼、电梯间的四角；隔 15m 或单元横墙与外纵墙交接处
6、7	5	4	2		隔开间横墙(轴线)与外墙交接处，山墙与内纵墙交接处；地震烈度 7～9 度时，楼、电梯间的四角
8	6、7	5、6	3、4		内墙(轴线)与外墙交接处，内墙的局部较小墙垛处；地震烈度 7～9 度时，楼、电梯间的四角；9 度时内纵墙与横墙(轴线)交接处

注：1. 外廊式和单面走廊的多层房屋，应根据房屋增加一层后的层数，按表中的要求设置构造柱，且单面走廊式两侧的纵墙应按外墙处理。

2. 教学楼、医院等横墙较少的房屋，应根据房屋增加一层后的层数，按表中的要求设置构造柱；当教学楼、医院等横墙较少的房屋为外廊式和单面走廊式时，应按第一条要求设置构造柱，但 6 度不超过 4 层、7 度不超过 3 层和 8 度不超过 2 层时，应按增加 2 层后的层数对待。

时，构造柱纵向钢筋宜采用 4φ14 钢筋，箍筋间距不应大于 200mm；房屋四角的构造柱可适当加大截面及增加配筋。

B. 构造柱与墙体连接应砌成马牙槎，并沿墙高每隔 500mm 设置 2φ6 拉结钢筋，每边伸入墙内不少于 1000mm。

C. 构造柱纵筋穿过圈梁时，应上下贯通。

D. 构造柱可不单独设基础，但应伸入室外地面以下 500mm，或与埋深小于 500mm 的地圈梁相连。

构造柱构造图如图 4-2 所示。

有关砌体结构构造措施，详见《砌体结构设计规范》(GB 5003—2001)。

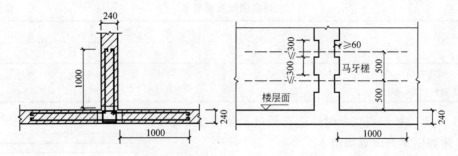

图 4-2 拉结钢筋布置及马牙槎示意图

第二节 砖砌体结构耐久性破坏的主要表现及防治

一、砖砌体耐久性破坏的表现形式及原因

1. 砖砌体破坏的表现形式

一般耐久性破坏是从表面开始的，并且从上向下发展，从湿部向干燥部位发展，通常的过程可表示为如下顺序：

抹灰层起壳→抹灰层碎裂脱落→砌体表面出现麻面、起皮、酥松→砌体表面剥落→破坏部分向砌体深度发展，向四周扩大直至连成带或成片→灰缝粉化，砌体一侧受力→砖块松动，盲至弹出，造成砌体完全破坏。

2. 砖砌体耐久性破坏的主要原因

(1) 冻融循环造成砖砌体损坏；
(2) 风化和浸渍造成的损坏；
(3) 化学腐蚀造成损坏。

土壤中含有侵蚀性介质的地下水，使砖基础的砖及砂浆受到腐蚀，导致砖砌基础破坏碎裂，造成基础不均匀沉降。外墙勒脚部位、内墙潮湿部位、檐口等位置受潮湿气体或毛细水作用，使砖、砂浆发生酥化、碱蚀；风雨、干湿、冻融循环等也会导致砌体耐久性破坏。

二、砖砌体受腐蚀主要部位、原因及防治措施

（一）受腐蚀的主要部位

砌体结构易受侵蚀性介质腐蚀的主要部位主要有：

(1) 基础：处于地下潮湿环境导致砖及砂浆受腐蚀。
(2) 墙身部位：外墙勒脚、卫生间、盥洗室、厨房等潮湿环境墙面，受到潮湿气体影响或直接受到水的侵蚀作用；室内顶棚、外墙檐口等位置易出现"结露"、"挂霜"等现象发生腐蚀。

（二）受腐蚀的原因

(1) 砖孔隙内的水，会对砖发生物理、化学作用。
(2) 大气中的水分、各种化学气体和腐蚀性物质，形成酸、碱，在砖表面起化学反应，使砖砌体受到腐蚀。
(3) 蒸汽凝结。在防水、防潮失效时，蒸汽凝结使砖墙表面反复干湿变化，表层腐

蚀、酥松，直至向砌体深度发展，导致破坏。

在建筑密集区，人为因素也会大大加速砖墙的腐蚀和破坏。

(三) 防止砖砌体耐久性破坏的主要措施

防止砖砌体耐久性破坏，应对上述因素和易腐蚀部位采取相应对策。

防止砖砌体耐久性破坏的主要措施主要有：

(1) 加强对砌体结构受潮和受腐蚀情况的观测和监视，查明原因，及时采取措施；

(2) 对于热工性能不良的外墙、檐口等部位采取加厚和其他保温措施，以消除内墙、顶棚的"结露"、"挂霜"现象；

(3) 对湿度较大或经常用水的房间，应加强对防水层、排水设施的维护，防止水浸入砌体内而腐蚀砌体；

(4) 及时维修失效了的防水层，养护好已有的防水层；

(5) 经常维修屋面，保持屋面排水系统正常工作，做到屋面不渗不漏，并防止屋面雨水"尿檐"；

(6) 对风化、浸渍在墙面的结晶物，应用干刷子刷掉，防止继续腐蚀墙体；

(7) 保持室外场地平整和排水坡度，防止建筑物周围积水；

(8) 禁止随意在墙上开洞，直接排放污水及蒸汽等，以防侵蚀墙体；

(9) 对于修理加固后的砌体结构，针对产生破坏的外部因素，采取有效的预防措施，防止砌体继续受到腐蚀破坏。

第三节　砖砌体的裂缝

砖砌体裂缝类型主要包括两类：一类为非受力裂缝，其并不是由于砌体承受荷载造成，不致明显降低结构的安全度，但裂缝产生后会不同程度地影响结构的受力和整体性。另一类为强度裂缝，是因为砌体强度不足，受荷载作用后直接引起的砌体开裂，强度裂缝可以导致砌体的破坏，以致引起房屋的倒塌。

一、砖砌体非受力裂缝产生的原因及基本形式

裂缝的发生不是由砌体受力引起，这种裂缝称为非受力裂缝。非受力裂缝的出现，不会明显降低结构的强度，但会造成几方面的危害：①导致渗漏，影响房屋美观和正常使用；②导致砌体整体性降低，传力受到阻隔；③降低房屋的刚度和稳定性；④加速墙体被腐蚀。

非受力裂缝主要包括：

(一) 沉降裂缝

(1) 沉降裂缝是由于房屋的沉降变形不一致引起的。裂缝发生在房屋轻重悬殊的两部分交接部位，通常在较轻一侧墙体中上段出现斜裂缝，或者出现竖向剪裂状的裂缝，部分砖被剪断。此类裂缝以斜向和竖向裂缝较多，也有水平裂缝。

(2) 沉降裂缝由地基不均匀沉降引起。地基土质不均匀或上部荷载差异较大，引发地基不同程度的压缩沉陷，导致上部结构开裂，其形式与砌体沉降变形引起的裂缝相似，但裂缝多发生在墙体下段，并且更明显、严重。这类型裂缝通常发生在下列部位：

1) 地基土压缩性有明显差异处；

2）分批建造的房屋交界处，新建的影响到旧房开裂，尤其是新房基础埋深大于旧房基础时更易出现；

3）结构类型或基础类型不同的相连位置；

4）建筑物高度差异或荷载差异较大处；

5）局部软弱地基土的边缘或局部地下坚硬部分的边缘位置；

6）建筑平面的转角位置；

7）承重墙与非承重墙的交接位置。

沉降裂缝与基础、墙体质量有一定关系：若基础刚度大，可能出现整体倾斜而不一定开裂；若墙体均匀，受削弱面较少，适当设置圈梁，则裂缝不易发生。

必须指出，沉降裂缝本质上属于强度破坏，但它和荷载作用下产生的强度裂缝是不一样的。前者的发生和发展取决于沉降差的大小和分布、砌体的整体性和构造连接；而荷载作用产生的强度裂缝，其形式与位置是和荷载引起的内力形式、承载截面位置相对应的。

（二）温度裂缝

温度裂缝是砖砌体和与之相联系的构件，因温差影响出现不同的伸缩而出现的裂缝。一般有正八字缝、倒八字缝、斜裂缝、水平裂缝和垂直裂缝以及上述几种形式裂缝的组合裂缝。

除上述两种非受力裂缝外，还有收缩裂缝。收缩裂缝是由于砌筑砖块和砂浆的体积不稳定而引起，裂缝比较分散和不规则，开裂表现不明显。

二、砖砌体强度裂缝的主要形式、原因及判定方法

砌体强度裂缝是指砌体强度不足及荷载作用直接引起的裂缝。这类型裂缝常发生在砌体直接受力部位，而且其裂缝形式与荷载作用引起的内力形式相一致。这类型裂缝的出现，说明构件的内力已接近或达到砌体相应的破坏强度，部分砌体开始退出工作，是破坏的预兆。由于砌体材料的脆性特性，其强度裂缝属于脆性裂缝，因此砌体容易发生突然破坏，引起房屋倒塌。这类裂缝如不及时分析研究，做出准确判断并采取措施进行处理，是非常危险的。

（一）强度裂缝类型

（1）竖向荷载作用下产生的垂直裂缝；

（2）水平拉力作用下的垂直裂缝和斜裂缝；

（3）水平受弯的垂直裂缝；

（4）侧向受弯的水平裂缝；

（5）受弯构件下部的竖向裂缝；

（6）弯、剪作用下的斜裂缝；

（7）水平剪力作用下的水平裂缝；

（8）竖向剪力作用下的垂直裂缝；

（9）局部受压时产生的不规则裂缝。

这类裂缝常发生在砌体直接受力部位其破坏形式与荷载作用力引起的破坏形式相一致。当砌体承受轴心受压、偏心受压时，如强度不足就会出现垂直裂缝和斜向裂缝。

砌体承受大偏心荷载时的裂缝通常为竖直压裂和水平拉裂。

受弯矩作用或受到水平剪力作用引起水平错缝，即水平裂缝。

（二）强度裂缝产生的原因：

砌体强度裂缝产生的主要原因包括以下几方面：

(1) 设计上的失误：

1) 不能满足构件承载能力的要求，如砖砌体断面尺寸不合理，砖及砌筑砂浆的强度等级选用不当等；

2) 砌体的连接节点构造不合理，造成构件受力状态与设计要求不一致，或削弱砌体受力截面等；

3) 砌体稳定性不足，尤其对某一方向的稳定性没有考虑；

4) 整体性的加强措施不够，墙段连接差，传递与扩散荷载能力差；

5) 荷载布置不够均衡、不均匀，节点构造不合理。

(2) 施工质量差：

1) 砌体的垂直度、平整度、灰浆饱满度差，咬槎不良等造成砌体强度达不到设计要求；

2) 违反操作规程施工，如乱留施工洞，分段砌筑或分次砌筑连接高度过大，有垂直通缝等；

3) 施工中使用的砖及砂浆不符合设计要求。

(3) 使用超载：

1) 改变建筑物用途，加大荷载。如教室改做书库，住宅改做工厂、车间等。

2) 水平构件下垂变形推动砌体支座，使砌体受力状态改变。

(4) 改建时缺乏全面考虑，乱拆乱改。

(5) 承重砌体下的地基严重下沉，基础变形、位移、墙体受力状态改变。

(6) 由于受动力、地震等荷载的损坏，致使砌体构件不能合理地传递和支承荷载。

（三）砖砌体强度裂缝的判定方法

砌体出现强度裂缝后，正确的分析和判定裂缝的属性、类型以及强度不足的程度，及时采取适当措施，才能保证房屋的使用安全。判定砌体裂缝的属性与类型，主要根据以下几种途径：

(1) 根据裂缝的形态，判定引起裂缝的应力种类。如斜裂缝，一般是剪应力或主拉应力引起的。

(2) 根据裂缝所在位置和这些位置承受荷载的应力状态，以及构件各种位置可能发生裂缝的特点，综合考虑裂缝发生的原因。

(3) 对可能是受荷载引起的强度裂缝，应测定砌体的有效截面尺寸和材料强度，然后根据实际的承载状态，对砌体构件进行承载能力的核算，以确定是否属于强度裂缝及估算承载能力不足的程度。核算工作应按国家有关设计规范及施工规范、规程进行。

第四节 砖砌体结构的维修与加固

一、砌体结构房屋修缮的构造要求

(1) 拆砌砌体时，承重砌体砂浆强度等级不应小于 M5，块材强度等级不应小于 MU7.5。

（2）砌体拆砌前，应做好构件的支撑。

（3）砌体结构房屋修缮或拆砌时，对墙、柱和楼盖间应有可靠的拉结，并应符合下列要求：

1）承重砌体厚度不应小于190mm，空斗墙厚度不应小于240mm，土墙厚度不应小于250mm；

2）砌体拆砌的新旧交换处可用直槎，结合应密实、牢固，在纵横交接处可采用钢筋拉结，中距为500mm，设置直径为4mm的钢筋不应小于2根，或采用五皮一砖槎；

3）预制钢筋混凝土板在砌体上的搁置长度不应小于100mm；

4）搁栅和檩条等搁置点不应小于砌体厚度的一半，且不应小于70mm。

（4）砌体修缮时，屋架或梁端的砌体处，应在屋架或梁端和砌体间设置混凝土或木垫块。混凝土垫块强度等级不应小于C20，厚度和宽度均不应小于180mm；木垫块不应小于80mm×150mm，并做防腐处理。

（5）砌体拆砌遇防潮层时，在基础上应重铺防潮层，其位置应高出室外地坪50mm以上，低于室内地坪50mm，防潮材料可采用防水水泥砂浆，或用厚80mm的C20混凝土作防潮层。

（6）新增砖附壁柱加固应符合下列要求：

1）水平拉结钢筋，竖向配筋直径不应小于6mm，其水平间距不应大于200mm，竖向间距应为300～500mm；

2）混合砂浆应采用M5～M10，砖应采用MU7.5以上；

3）附壁柱宽度不应小于240mm，厚度不应小于120mm。

（7）墙、柱采用钢筋混凝土围套加固，应符合下列要求：

1）混凝土强度等级不应低于C20，截面宽度不应小于250mm，厚度不应小于50mm；钢筋保护层厚度不应小于25mm；

2）受压钢筋的配筋率不应小于0.25%，纵向钢筋直径不应小于12mm；

3）箍筋的直径应采用6～8mm，间距不应大于250mm。

（8）砖柱外包角钢应插入基础，其顶部应有可靠的锚固措施。角钢不应小于50mm×50mm×5mm。

（9）修缮砖砌过梁应符合下列要求：

1）砖砌平拱用竖砖砌筑部分的高度不应小于240mm；

2）钢筋砖过梁底面砂浆层处的钢筋，其直径不应小于6mm，间距不应大于120mm，钢筋伸入支座砌体内不应小于240mm，砂浆层厚度不应小于20mm，采用M10水泥砂浆；

3）钢筋混凝土过梁端部的支承长度不应小于240mm。

（10）增设圈梁应符合下列要求：

1）圈梁应连续设置在同一水平上，形成封闭，并伸入内墙；

2）钢筋混凝土圈梁的高度不应小于120mm，纵向钢筋不应少于4根，直径为8mm，箍筋间距不应大于300mm；

3）钢筋砖圈梁砌筑的砂浆强度等级不应小于M5，圈梁的高度应为4～6皮砖，水平通长钢筋不应少于6根，直径为6mm，水平间距不应大于120mm，分上下两层设置。

（11）采用水泥砂浆钢筋网加固墙体，砂浆厚度不应小于30mm（分两次抹平），纵横钢筋直径不应小于 6mm，间距不应大于 200mm。

(12) 修缮空斗墙时，有下列情况之一，应改为实砌墙：
1) 地震烈度为 6 度以上的地区；
2) 地基可能产生较大的不均匀沉降；
3) 长期处于潮湿环境中；
4) 地下管道较多。

二、砖砌体结构的维修与加固

砖砌体结构的修缮措施包括维护修理、局部拆除重砌和加固修理等。

（一）维护修理

一般是在结构强度和稳定性能够保证和条件下，根据使用要求、美观要求和房屋耐久性的要求而进行的修理。常用的维修有下面几种：

1. 填缝补强

是砖砌体裂缝处理最简便的一种方法。操作时先将缝隙清理干净，根据裂缝宽度的不同分别用抿子、抹子等工具将缝填抹严实，所用灰浆为 1：3 水泥砂浆或比原砌筑砂浆高一个强度等级的水泥砂浆。

2. 喷浆

用喷浆代替抹灰处理裂缝及因受腐蚀而酥碱的砌体。

3. 抹灰

主要用于裂缝处理，也可用于砌体表面酥碱等缺陷。施工时应先清除或剔除墙体上松散部分，用水冲洗干净后再做抹灰处理。

抹灰处理时所用的灰浆类型应根据墙体不同部位和抹灰层应起的作用而选择，如选用水泥砂浆、防水砂浆等。

4. 择砌

适用于受腐蚀后局部砌体严重酥碱及因掏洞等造成砌体局部结构破损等缺陷的处理。择砌时将酥碱或破损部位的砖块轻轻挖掉，并清扫干净浮动灰浆，重新用砖及比原砌体高一个强度等级的灰浆补砌好。择砌时一定要随挖除随补砌，操作时动作要轻，尽量减少对砌体的振动和损伤。

5. 压力灌浆

施工时施加一定压力将某种浆液灌入裂缝内，把砌体重新胶结为整体，以恢复砌体的强度、整体性、耐久性及抗渗性。

（二）砖砌体的局部拆除重砌

当砖砌体局部腐蚀严重（截面削弱 1/5 以上）或出现严重空鼓、歪闪、裂缝，遭受火灾、爆炸、撞碰等造成严重损坏，使墙体失去或减弱了承载能力及稳定性，修缮时可根据损坏范围经过鉴定，采用拆除重新砌筑的方法修复。

拆除前，应认真分析结构拆砌的范围及拆砌期间的安全问题，必要时应采取临时的支顶加固或分段分期施工等安全技术措施。施工时拆除重砌部分，要与原结构联系牢固，咬槎要良好。拆砌时可埋设钢筋、预制混凝土联接件等加强结构的整体性，砂浆应饱满。当原砌体如有其他缺陷时，可拆除一并处理。

（三）砌体结构的加固

砖砌体结构的加固系指保留原有结构,通过加固增加结构的强度和稳定性。

1. 墙、柱强度不足加固

当墙、柱强度不足时,应先进行强度验算,确定补加承载能力的数值,从而选择加固方案和确定加固断面。加固方法主要有:

(1) 采用钢筋混凝土加固

1) 增加钢筋混凝土套层:在砖柱或砖壁柱的一侧或几侧用钢筋混凝土扩大原构件截面。为了加强新增加的钢筋混凝土与原砖砌体的连接,各面销键要交错设置。套层除了直接参与承载外,还可以阻止原有砌体在竖向荷载作用下的侧向变形,从而提高原砌体的承载能力,如图4-3所示。

2) 增设钢筋混凝土扶壁柱:在砖墙的单侧或双侧增设扶壁柱,如图4-4所示。此方法由于增大了截面,可以使砌体承受较大的荷载,对砌体结构中存在的强度、刚度、稳定性不足时的加固均能取得明显的效果。

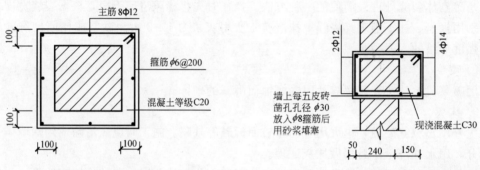

图4-3 套箍加固砖柱　　　　图4-4 增设扶壁柱加固砖墙

3) 采用钢筋混凝土扩大原砖垛截面加固:常用三个侧面增大截面的形式进行加固,如图4-5所示。为了使加固的混凝土与原砖砌体结合牢固共同工作,必须设置钢筋拉结,拉结钢筋可用抹水泥砂浆、浇筑混凝土或用角钢与原砌体锚固。加固混凝土的厚度及配筋,应通过计算确定,且加固混凝土厚度不宜小于80mm,若按构造配置钢筋其纵向钢筋可采用φ10,间距100mm,水平筋为φ4～φ6,间距150～200mm,为确保新旧混凝土构件

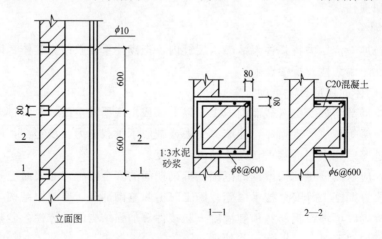

图4-5 扶壁柱加固

能很好地结合在一起，保证新浇混凝土的质量，施工时砖砌体要提前浇水保持湿润，混凝土的坍落度应稍大，一般以7～9cm为宜。新增加的混凝土要与原有梁、板底面结合紧密。

(2) 采用砌体增大墙、柱截面

独立砖柱、砖壁柱、窗间墙及其他承重墙，承载能力不够，但砌体尚未被压裂，或只有轻微裂缝者，可采用扩大砌体截面的方法，达到加固的目的。

施工时在砖墙上增设扶壁柱，在独立柱、扶壁柱外包砌砖墙等。增加砌体的断面应满足补强的需要，所用砖的强度等级与原砌体相同，砂浆强度等级比原砌体砂浆实际强度等级提高一级，且不低于M5。新旧砌体要结合牢固，使之能共同工作，因此施工时必须强调确保施工质量和符合砌体工程的构造要求，而且要在新旧砌体之间埋设钢筋，加强互相拉结。原有墙、柱截面增大后，如基础不能满足传力构造要求，需相应扩大基础。

(3) 采用配筋喷浆层或配筋抹灰层套箍加固

当砌体严重腐蚀，表层深度酥碱及砌体需要加固的断面增加厚度较小时，可采用配筋喷浆或配筋抹灰的方法进行处理。施工时：①将原砌体表面清理干净。②绑扎钢筋。③提前浇水润湿砖砌体，然后进行喷浆或抹灰。④注意对喷浆层或抹灰层的养护，使其达到应有的强度。

(4) 采用型钢加固

用型钢加固适用于独立砖柱、窗间墙等。施工时：①用角钢包住各墙角，角钢之间焊以水平扁铁，组成钢套箍。②当窗间墙较宽时，宜在墙中部加设螺栓拉结，并设竖向扁铁。③在墙上抹灰，用以覆盖型钢套箍。

型钢加固用钢量大，但施工速度快，补强效果可靠，改变结构几何尺寸小，可用于施工工期短和不宜扩大结构断面的砖砌体结构加固等。

(5) 托梁换（加）柱加固

当建筑物的独立砖柱、窗间墙的承载能力与实际需要相差很大，砌体已严重开裂，有倒塌危险，采用增大砌体断面补强已不能取得良好效果时，应采用托梁换（加）柱或托梁换（加）墙加固。

1) 独立砖柱：宜采用托梁拆柱重砌的办法；重砌的砖柱截面，应通过计算确定，并应在梁底处加设钢筋混凝土梁垫。

2) 窗间墙：应根据承受荷载大小及构造情况，可将原砖墙拆除重砌，增加扶壁柱或扩大原扶壁柱截面；也可拆除部分墙体，另设一根钢筋混凝土柱。当另设钢筋混凝土柱时，其截面尺寸、配筋和混凝土等级应按《混凝土结构设计规范》(GB 50010—2002)的规定，通过计算确定。施工时：①要用支撑将上部结构撑起，并采用相应的安全措施。②旧有砖墙应拆成锯齿形，以便新旧结构能很好地连接。③相应地增大柱子的基础。

2. 墙、柱稳定性不足加固

当墙、柱稳定性不足时，加固措施主要有：加大断面厚度、加强锚固和补加支撑等。

(1) 加大断面厚度：参照强度不足的加固。

(2) 加强锚固：主要是增设螺栓连接，增加埋设铁件进行焊接等。

(3) 补加支撑：当墙、柱发生裂缝、歪闪及稳定性不足时，可加设斜向支撑进行临时加固，也可结合房屋的具体情况，增砌隔断墙或增设钢拉杆、钢支撑等，作为永久性加固。

3. 砖过梁的加固

砖过梁在荷载作用下的破坏裂缝有垂直裂缝和斜向裂缝，当裂缝较小并已趋稳定时，一般做勾缝处理。当裂缝较大，发展较快或荷载超载很大时，应采取注浆法或其他加固措施。常用的加固措施有：①用现浇钢筋混凝土梁代替；②用型钢过梁楔入门窗上水平缝内，支撑原有过梁；③用木制过梁代替和梁底补加钢筋抹灰等。

采用现浇钢筋混凝土梁代替时，要使混凝土与砖墙紧密接触，此方法的加固设计概念清楚，但施工复杂。采用各种预制型钢梁代替时，施工比较方便，预制梁与墙之间的空隙应注意用砂浆填实。采用木过梁代替和梁底补配钢筋抹灰的加固方法，价格便宜，施工比较方便，用于跨度较小及过梁承载力较小的加固。

复习思考题

1. 试述圈梁设置的构造措施。
2. 试述构造柱设置的构造措施。
3. 试述砖砌体耐久性破坏的过程及预防措施。
4. 试述砖砌体非受力裂缝产生的原因级基本类型。
5. 简述强度裂缝的形式。
6. 砖砌体出现裂缝的维修方法有哪些？
7. 墙、柱强度不足有哪些加固方法？

第五章 房屋防水的维修

第一节 屋面防水的维修

屋面经常出现的问题是漏雨渗水，屋面的渗漏将直接影响人们的生产、生活，降低了房屋的使用价值和经济效益。

屋面常见的外形有坡屋面和平屋面，其中大部分工业与民用建筑的屋面形式为平屋面。坡屋面作为一种富有传统文化底蕴的屋面形式，现在也经常用于一些新建小区住宅，美观、隔热效果好，通常做法为现浇钢筋混凝土坡屋顶再铺盖新型琉璃瓦或其他瓦材，因为排水坡度较大而且防水层为瓦层及现浇钢筋混凝土结构层，产生渗漏的现象较少。

本节着重介绍有组织排水的平屋面常见渗漏部位、产生原因及维修方法。

平屋面的防水做法种类很多，有卷材防水屋面、刚性防水屋面、涂膜防水屋面等。卷材防水屋面主要有沥青纸胎油毡屋面、高聚物改性沥青防水卷材屋面、合成高分子防水卷材屋面等。刚性防水屋面主要有普通细石混凝土屋面、补偿收缩混凝土屋面、钢纤维混凝土屋面、防水砂浆屋面等。涂膜防水屋面，所用的涂料主要有沥青基防水涂料、高聚物改性沥青防水涂料、合成高分子防水涂料等。

一、卷材防水屋面

（一）卷材防水屋面易渗漏部位及产生原因

1. 渗漏的主要部位

（1）屋面与纵横墙、山墙、女儿墙的连接处，如图 5-1 所示。

（2）屋面与檐口、雨水口连接构造处。

（3）预制钢筋混凝土屋面板板端接缝处。

（4）伸出屋面的管道（给、排水管，通气管等）根部。

（5）伸缩缝、沉降缝、防水层分隔缝等处。

2. 产生渗漏的原因

（1）施工方面。主要表现在未等屋面基层、保温层、找平层干燥即进行卷材铺贴，被封闭的水汽将卷材顶起产生起鼓；卷材搭接不当导致卷材粘贴不牢，形成空隙，在外力作用下引起渗漏；胶粘剂配制和熬煮以及铺涂工艺不好，以致胶粘剂流淌，粘贴不严密；基底收缩开裂超过卷材最大延伸能力等。

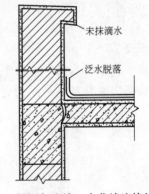

图 5-1 屋面与山墙、女儿墙连接处渗漏

（2）设计方面。设计考虑不周，表现在屋面坡度过小或雨水口的排水间距过大，致使屋面排水不通畅，造成屋面积水，引起渗漏；房屋的墙体、檐口的细部构造不当，雨水从侧面进入墙体直达卷材底部造成渗漏使卷材脱层；房屋地基沉降差和高低处毗连的沉降差

引起卷材受剪破坏；屋面上弯折部位多，出屋面构件多，增加了卷材裁、折、贴的施工困难等。

（3）材料质量方面。卷材防水屋面主要使用的材料是沥青和油毡。目前使用的油毡是以石油沥青为主，利用纸胎渗透低标号石油沥青，再覆盖高标号石油沥青制成。它是影响防水效果的关键因素。沥青质量的优劣、油毡原纸成分的高低以及油毡本身存在的抗拉强度低、伸长率小、低温柔韧性差、抗老化性能不良等弱点，再加上油毡对屋面结构应力变化的不适应性，都易导致防水卷材层渗漏。

（4）自然气候方面。卷材表面颜色深，吸热大，夏季屋面表面温度特别高，容易使卷材老化和胶合剂流淌，昼夜温差大的地区因热胀冷缩导致卷材断裂而发生渗漏。

（5）管理方面。主要表现在屋面雨水口常年不疏通，致使树叶、泥土、杂物等堆积并堵塞雨水口，使屋面排水不畅，造成渗漏；屋顶上任意堆放杂物，使屋面保护层甚至防水层遭到损坏；屋顶女儿墙及其他构筑物的外饰面翘壳开裂，未及时维修，日久使节点破坏，雨水沿裂缝渗入引起漏水等。

（二）卷材防水屋面的维修

1. 开裂的维修

卷材屋面开裂一般有两种情况。一种是装配式结构屋面上出现的有规则横向裂缝。当屋面无保温层时，这种横向裂缝往往是笔直、通长的，位置正对着屋面板支座的上端；当屋面有保温层时，裂缝往往是断续、弯曲的，位于屋面板支座两边100～500mm的范围内。另一种是无规则裂缝，其位置、形状、长度各不相同，出现的时间也无规律，一般贴补后不再开裂。

（1）有规则横向裂缝的维修

1）干铺卷材贴缝法。将裂缝两侧100mm范围内面层铲除干净，用冷底子油涂刷一遍，待冷底子油干燥后，在裂缝部位嵌上聚氯乙烯胶泥或防水油膏，胶泥或油膏表面要高出原防水层1～2mm，沿裂缝单边点粘干铺不小于100mm宽卷材隔离层，其上覆盖不小于300mm宽与原卷材同材质的防水层，上铺绿豆砂保护层，如图5-2所示。

2）油膏或胶泥补缝法。先清除裂缝两边各宽35～50mm范围的卷材，露出找平层，沿缝剔成宽20～40mm、深为宽度的0.5～0.7倍的缝槽，然后清理干净，满刷冷底子油，再将油膏或胶泥灌入缝中。操作时注意油膏或胶泥与缝两侧割断的卷材应粘结密实。油膏或胶泥应高出原卷材面不小于3mm，并覆盖两侧均不应小于30mm，压贴牢固即可，如图5-3所示。

（2）无规则裂缝的维修

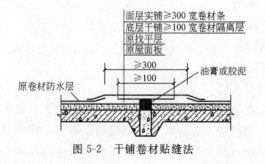

图5-2 干铺卷材贴缝法

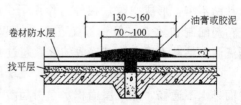

图5-3 油膏或胶泥嵌补卷材防水层裂缝图

无规则裂缝的产生，主要由于卷材老化龟裂，卷材搭接太短，卷材收缩后使接头开裂、翘起，找平层收缩引起卷材拉裂等原因所致。

1）对于局部出现裂缝但卷材未老化裂缝，在稍大于裂缝的范围内，把保护层铲除并清理干净，刷冷底子油一道，再沿裂缝铺贴宽度不小于250mm的防水卷材，最后按原样做好保护层。

2）如果原卷材因损伤或已老化不能继续使用，应将该部分防水层铲除并清理干净，待基层干燥后，刷冷底子油，按规范要求铺贴新的防水卷材。新防水卷材与周边旧防水卷材要很好地搭接，搭接宽度为50～100mm。最后按原样做好保护层。

2. 起鼓的维修

起鼓是卷材防水层普遍发生的问题。在防水层与基层之间、卷材各层之间、局部粘贴不密实的地方，窝有潮湿空气或水滴，当受太阳辐射或屋内人工热源作用时，水受热而化成汽，引起体积膨胀将卷材鼓起（如图5-4所示）。一般来说起鼓发生在防水层与基层之间的比发生在卷材各层之间的多；发生在卷材搭接处的比发生在卷材幅面中的多。防水层起鼓不一定漏水，但起鼓是一个隐患，对卷材屋面的耐久性有不利影响，特别是当鼓泡受外力作用时，容易开裂造成漏水。如果卷材起鼓面积不大，一般不会发生渗

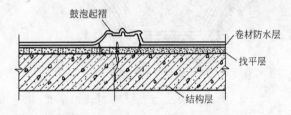

图5-4 卷材防水层鼓泡的形成

漏，可暂不处理，但注意观察其变化和发展；对于起鼓面积较大或连成片时，可根据鼓泡面积大小分别采用以下方法修补：

（1）对直径100mm以下的鼓泡，可采用抽气灌油法来修补。即在泡中插入两支兽用注射器，其中一支注射器内装热沥青稀液。用空的一支注射器把泡内气体抽出，一边抽气，一边注入热沥青液，注满后抽出针管，把卷材压平贴牢，然后用沥青把针眼封闭，用砖块压上数天。

（2）对直径100～300mm内的鼓泡，将其周围的砂粒、粘合胶刮掉，割破鼓泡或在泡上钻眼，排出泡内气体，使卷材覆平。在鼓泡范围面层上铺贴一层卷材，外露边缘应封严，最后做保护层。

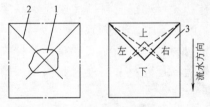

图5-5 切割鼓泡维修
1—鼓泡；2—星斜十字切割；3—加铺卷材

（3）对直径300mm以上的鼓泡，可按斜十字形将鼓泡切割，翻开晾干，清除原有粘合胶，将翻开部分的卷材重新分片按屋面流水方向用粘合胶粘贴，并在面上增铺一层卷材（其边长应比切开范围大100mm），将翻开部分卷材的上片压贴、粘牢封严，最后做保护层，如图5-5所示。

3. 流淌的维修

流淌一般多出现在完工后第一个高温季节，由于粘合胶受烈日照射而软化，流淌以后卷材出现折皱或在天沟处堆积成团，或从檐口垂挂下来，也有的竖向接头不均匀下滑出现斜面，水平搭接滑动移位，失去必要的搭接长度。防水层出现流淌后，不论轻重如何，其整体性受到了不同程度的破坏，对屋面的耐久性有一定影响。一般轻度流淌短期不致渗

漏,对使用并无多大影响,故不必急于维修处理;但当流淌较为严重时,视其损坏程度立即采用以下方法进行维修。

(1) 切割法。常用于治理屋面坡端和泛水处卷材因流淌而耸肩、脱空部位。维修时,先清除保护层,切开脱空的卷材,刮除卷材下积存的粘合胶,待内部冷凝水晒干后,将脱开的卷材整平后用粘合胶贴好,加铺一层新卷材,撒上绿豆砂。加铺卷材与原卷材层上、下搭接长度应不小于150mm,如图5-6所示。

(2) 局部切除重铺法。此法用于治理屋架坡端及天沟处已流淌而皱折成团的局部卷材。对皱折成团的卷材,先予以切除,仅保存原有卷材较为平整的部分,使之沿天沟纵向成直线,然后按图5-7所示维修。

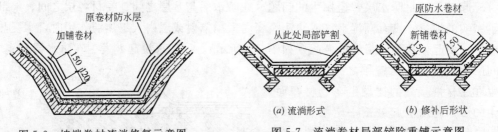

图5-6 坡端卷材流淌修复示意图　　　图5-7 流淌卷材局部铲除重铺示意图

(3) 全铲重铺法。当表层卷材流淌后产生多处严重皱折,且皱折隆起在50mm以上,接头上脱开150mm以上时,局部修补就有困难,在这种情况下,要将原防水层全部铲除,重新铺贴。

4. 老化的维修

卷材长期处于日晒雨淋的环境中,发生老化是不可避免的。防水层因老化而出现龟裂、收缩、发脆、腐烂等现象时,卷材丧失防水能力,应立即维修。

老化防水层的维修:对局部的轻度老化防水层,可进行局部修补或局部铲除重铺新防水层,然后在整个屋面防水层上涂刷沥青一层,补撒绿豆砂。严重的就需要成片或全部铲除,严格按施工规范重铺防水层。

5. 构造节点的维修

(1) 山墙、女儿墙泛水处卷材端部张口脱开。原因是封盖口处的砂浆开裂渗水,经过多次反复冻融,砂浆剥落;卷材端部封口马虎或泛水高度不足,造成漏水。维修时,可按下述方法进行:

清除原有粘合胶及密封材料,重新贴实卷材,卷材收头压入凹槽内固定,上部覆盖一层卷材并将卷材收头压入凹槽内固定密封,如图5-8所示。

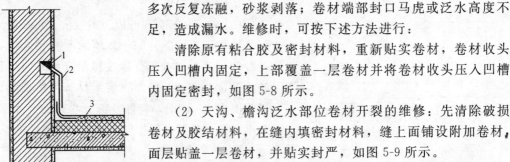

图5-8 砖墙泛水处收头
1—密封材料;2—新铺卷材附加层;3—原防水卷材

(2) 天沟、檐沟泛水部位卷材开裂的维修:先清除破损卷材及胶结材料,在缝内填密封材料,缝上面铺设附加卷材,面层贴盖一层卷材,并贴实封严,如图5-9所示。

(3) 伸出屋面管道根部渗漏的维修。先将管道根部周围的卷材、粘合胶和密封材料清除干净,管道与找平层之间剔成200mm×200mm的凹槽并修整找平面,槽内用胶结剂或防水油膏嵌填严密。管道根部四周干铺一层卷材,宽度不小于

300mm，再用面层卷材覆盖，卷材贴在管道上的高度不小于250mm。管道上的防水层上口用金属箍箍紧或缠麻封固，并用密封材料封严，如图5-10所示。

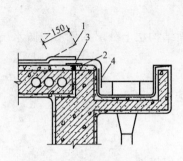 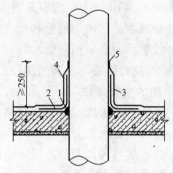

图5-9 天沟、檐沟与屋面
交接处渗漏的维修
1—揭开原防水卷材；2—密封材料；
3—新铺卷材附加层；4—贴盖一层卷材

图5-10 伸出屋面管道根部渗漏的维修
1—油膏；2—干铺卷材；3—铺设卷材；
4—金属箍或缠麻；5—密封材料

（三）卷材防水屋面维修施工质量和检验要求

（1）屋面维修工程完工后应及时组织相关人员进行验收。检查时按屋顶面积每50m²抽查一处，但每个屋顶的检查点不少于五个。

（2）屋面防水层维修完成后表面应平整，不得积水、渗漏，不允许有翘边、接头不严密等缺陷。

（3）卷材的铺贴应顺屋面流水方向，搭接应顺主导风向；卷材与找平层之间、卷材各层之间均应粘贴牢固；卷材与屋面构筑物的连接处和转角处应铺牢封严；卷材的搭接长度和搭接顺序应符合规范要求。

（4）维修时重铺的保护层应与原屋面的保护层相一致，覆盖要均匀，粘结牢固。

二、刚性防水屋面

刚性防水屋面是以刚性材料做成防水层，主要有防水砂浆屋面和细石混凝土防水屋面两种，其构造如图5-11所示。

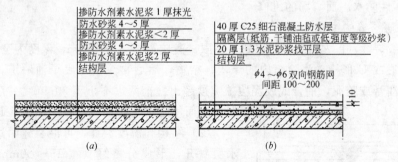

图5-11 刚性防水屋面构造层次
(a) 防水砂浆屋面；(b) 细石混凝土防水屋面

刚性防水层是依靠材料本身的密实性和憎水性，即自防水能力来达到防水目的。但混凝土和砂浆在凝固过程产生收缩就会不可避免地出现细微裂缝，为减少这些细裂缝和抑制细裂缝的发展，通常在混凝土及砂浆中掺入各种外加剂（如减水剂、加气剂、防水剂）、高聚物乳液、微纤维等，以提高砂浆、混凝土的抗渗、抗裂性能，提高防水能力。

细石混凝土刚性防水屋面，一般是在屋面承重结构上，浇筑 C20~C25 细石混凝土，内配置 $\phi 4 \sim \phi 6@100 \sim 200$ 的双向钢筋网，钢筋网位于细石混凝土的上半部。这种屋面发生渗漏的原因主要是由于裂缝和构造节点处理不当。

防水砂浆屋面是采用掺防水剂的水泥砂浆在屋面结构层上分层抹压形成防水层。

（一）刚性防水层易渗漏的部位及产生原因

1. 渗漏的主要部位

（1）屋面板的拼缝与防水层分格缝处。

（2）防水层泛水部分。

（3）防水层与天沟及伸出屋面管道交接处。

（4）防水层与女儿墙、檐沟、排水系统等构造节点接处。

（5）结构变形缝（伸缩缝、沉降缝）处。

（6）结构层质量不好处。

2. 产生渗漏的原因

（1）刚性防水层较薄，可变能力差，当基层变动时容易被拉裂。例如基础的沉降，结构支座的角变，不同建筑材料的温差等，都能引起结构裂缝。

（2）刚性防水层在温度变化下发生热胀冷缩，若温度分格缝未按规定设置或设置不合理，或隔离层隔离效果差，都会产生温度裂缝。

（3）混凝土配合比不当，施工时振捣不密实，收光压光不好以及早期干燥脱水，后期养护不当，都会产生干缩裂缝。

（4）预制板屋面基层由于板件在支座边翘起，使该处防水层受拉开裂。

（5）嵌缝材料的粘合性、柔韧性差，或老化失效，雨水从分格缝直接渗入，成为渗漏通道。

（6）地基不均匀沉降引起屋面结构变形，使基层、防水层开裂渗漏。

（7）分格缝、檐（天）沟、泛水、变形缝和伸出屋面管道等防水细部构造不符合要求。

（二）刚性防水屋面渗漏的维修

1. 防水层裂缝的维修

（1）一般裂缝，首先沿裂缝两边划定界限，凿成宽为 20~40mm，深度为宽度的 0.5~0.7 倍的 V 形或 U 形槽。清除缝内的浮灰、杂物，然后再涂刷冷底子油一道，待干燥后再嵌填防水油膏或胶泥，油膏或胶泥覆盖宽度超出缝槽两边不小于 30mm，并隆起成龟背形，上面用防水卷材覆盖，做法如图 5-12 所示。

（2）结构和温度裂缝，可沿裂缝两边将刚性防水层凿开，形成分格缝（宽 15~30mm、深 20~30mm 为宜），然后按分格缝做法嵌填防水油膏、胶泥，防止渗漏。

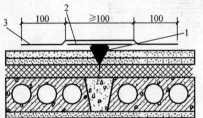

图 5-12 干铺卷材贴缝法

1—油膏；2—干铺卷材隔离层；3—防水卷材

2. 分格缝渗漏的维修

分格缝中油膏如嵌填不实或已老化失效，应将旧油膏剔除干净，重新嵌填新油膏。为保证防水质量，可在新油膏嵌填后，在缝上加做卷材防水层作为保护层。

3. 结构节点渗漏的维修

(1) 屋面泛水渗漏的维修

突出屋面的墙体与屋面交接处，都要做泛水。泛水是屋面防水的薄弱地方之一。常见泛水做法有两种：一种是有翻口泛水，防水层向上翻口，翻口高不小于120mm。一种是无翻口泛水。

泛水维修的方法：将泛水嵌缝处老化油膏清除干净，重新用油膏嵌缝，再增设涂膜防水层。涂膜防水层是由二层玻璃布相间涂三层防水涂料构成，简称二布三涂。做法如图5-13、图5-14所示，常见的为图5-14。

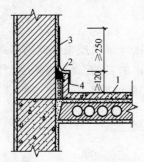 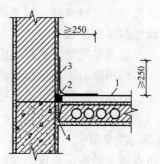

图5-13　有翻口泛水部位　　　　　　图5-14　无翻口泛水部位
1—刚性防水层；2—油膏；3—涂膜　　　1—刚性防水层；2—油膏；3—涂膜
附加层；4—沥青麻丝　　　　　　　　附加层；4—纤维卷

(2) 檐口（带天沟）渗漏的维修

防水层在檐口处沿外纵墙的内侧，在屋面板与外纵墙的接触处产生裂缝；或檐口防水层滴水破坏，雨水沿防水层边缘产生爬水渗漏。因滴水线难于修补，且防水层与天沟间的裂缝所处位置不便施工，常采用包檐法。修补方法：铲平滴水口，用二布三涂将檐口和天沟全部贴盖，如图5-15所示。若天沟沟口较深，也可贴至沟底阴角处。

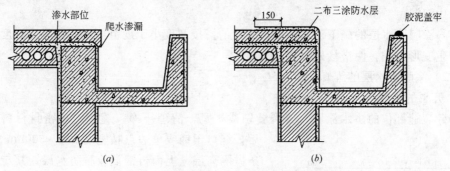

图5-15　刚性防水层与檐沟交接处渗漏的维修
(a) 常见渗漏部位；(b) 包檐法维修

4. 刚性防水层起壳、起砂的维修

刚性防水屋面长期暴露于大气中，日晒雨淋，防水层容易产生起壳、起砂等现象。对于轻微的起壳、起砂现象，可将表面凿毛，用有压力水冲洗干净，然后抹厚1mm左右的1:(1.5~2)水泥砂浆。如果出现大面积的龟裂时，只能铲除重做。

(三) 刚性防水屋面维修施工质量和检验要求

（1）屋面维修工程完工后应及时组织相关人员进行验收。检查时按屋顶面积每 50m² 抽查一处，但每个屋顶的检查点不少于 5 个。

（2）细石混凝土的原材料，钢筋的品种、规格、位置和保护层厚度，防水砂浆的原材料、配合比和分层做法应符合设计和施工规范的要求。

（3）防水砂浆各层结合牢固无空鼓，表面平整无裂纹、起砂，阴阳角要呈钝角或圆弧形。细石混凝土防水层厚度均匀一致，表面平整、压实抹光，无裂纹、起壳、起砂等缺陷。

（4）对局部拆除重铺防水层的部位，新旧防水层交接处的细石混凝土、水泥砂浆应结合牢固，密实、平顺、无裂纹。

（5）维修后屋面坡度符合规范要求，无积水、渗漏。

三、涂膜防水层屋面

涂膜防水屋面是用防水涂料结合胎体增强材料（合成纤维毡或玻璃丝网格布）涂布在结构物表面，利用涂料干固后形成的坚韧防水膜达到防水的目的。具有施工操作简便、温度适应性强、防水性能好等特点，近年来得到较好的发展和应用。

（一）涂膜防水屋面易渗漏部位及产生原因

1. 渗漏的主要部位

涂膜防水屋面的渗漏部位与卷材防水屋面大致相同（见前述）。

涂膜防水屋面主要缺陷有：防水层与基层结合不牢，产生剥离；细部节点密闭性不严；防水层起鼓、开裂、导致渗漏；防水层胎体增强布的搭接缝脱缝；防水层破损等。

2. 产生原因

（1）原材料质量问题。如所选防水涂料的延伸率和抗裂性较差。

（2）基层找平层酥松、起砂、起皮、清理不净或施工时基层含水率高，导致涂膜防水层与基层结合不牢。

（3）涂膜防水层的厚度过薄和收头处密闭不严。

（4）细部构造不符合要求，涂膜防水层节点处理不合理，未做附加层，造成开裂和翘曲而产生渗漏。

（5）涂膜防水层的施工工艺错误，涂布的搭接宽度小于规范规定，涂膜受温度变化的影响产生变形收缩，使搭接处开裂。

（二）涂膜防水层的维修

1. 开裂的维修

清除裂缝部位的防水涂膜，将裂缝剔凿扩宽，清理干净，缝中嵌填密封材料，干燥后，缝口干铺或单边点粘宽度 200~300mm 的卷材条做隔离层，上面再铺设涂膜防水层，其与原防水层的搭接宽度不小于 100mm，涂料涂刷应均匀，新旧防水层搭接应严密，如图 5-16 所示。

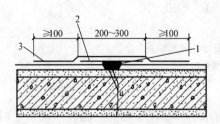

图 5-16 涂膜防水层裂缝的维修
1—密封材料；2—隔离层；3—涂膜防水层

2. 起鼓的维修

如果鼓泡较小，可将鼓泡刺穿一个小孔，排净空气后用针筒注入相关防水涂料，然后用力滚压使之与基层粘牢，孔眼处用密封材料封口。如鼓泡直径较大且有继续发展的趋势，就要用刀将鼓起部位的防水层呈斜十字切开，排出泡内气体，翻开防水层，清理干净并晾干，然后将翻开的防水层重新粘贴牢固，上面再用比切口周边大100mm的涂膜层覆盖粘牢，外露边缘用防水涂料涂刷多遍封严。

3. 涂膜防水层粘结不牢的维修

如防水层只是个别部位出现脱空、翘边等现象，采取局部修补。先将翘起的涂膜掀开，处理好基层后，再用防水涂料把掀开的防水层铺贴好。

如粘结不牢的面积较大，或脱空翘边较多，采用全部翻修的做法。先把原防水层全部铲除，修整或重做找平层，然后按施工规范铺设涂膜防水层。

4. 老化的维修

对局部的轻度老化防水层，可进行局部修整或局部铲除重做。重做的涂膜防水层与旧防水层的搭接宽度应不小于100mm。严重的就需要成片或全部铲除老化的防水层，然后按施工规范铺设新涂膜防水层。

5. 屋面泛水的维修

清理泛水损坏部位的涂膜防水层，将基层清理干净、干燥后，先铺一层附加层，上面再铺设涂膜防水层，防水层泛水高度不小于250mm，如图5-17所示。

（三）涂膜防水屋面维修施工质量和检验要求

（1）屋面维修工程完工后应及时组织相关人员进行验收。检查时按屋顶面积每50m²抽查一处，但每个屋顶的检查点不少于五个。

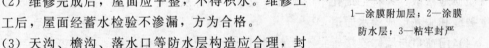

图5-17 屋面泛水部位渗漏的维修
1—涂膜附加层；2—涂膜
防水层；3—粘牢封严

（2）维修完成后，屋面应平整，不得积水。维修工程竣工后，屋面经蓄水检验不渗漏，方为合格。

（3）天沟、檐沟、落水口等防水层构造应合理，封固严密，无翘边、空鼓、折皱，排水通畅。防水层收口应贴牢封严。

（4）防水层涂膜厚度应符合规范要求。涂料应浸透胎体，防水层表面平整，无流淌、堆积、皱皮、鼓泡、露底等现象。防水层收口应贴牢封严。

（5）铺设保护层应与屋面原保护层一致，覆盖均匀，粘结牢固，多余保护层材料应清除。

四、屋面的保养

（1）定期检查并及时清除雨水口的垃圾、杂物和檐沟内的沉积淤泥，保持檐沟、斜沟、雨水口、雨水管等排水畅通。及时更换破损的雨水斗、雨水管以及已锈蚀的斜沟镀锌铁皮。

（2）定期检查屋面变形缝的防水构造，特别是金属盖缝板是否松动、移位、锈蚀腐烂，如有损坏，应及时修复。

（3）定期检修屋面泛水，及时修补女儿墙压顶、1/4挑砖处的滴水线、水泥砂浆粉刷层以及檐沟卷材收头等处。

（4）对非上人屋面上人检查口及爬梯应设标志，应标注"非工作人员禁止上屋面"等类似文字。

（5）不准在屋面上堆放杂物、盖小房等，以防损害防水层或超载。

(6) 屋面防水维修工程的专业性和技术性都很强，必须委托专业队伍进行维修施工。

第二节 墙体渗漏的修缮

建筑物的墙体起承重、维护和分隔等作用，常见的为砖墙和钢筋混凝土墙。墙体受损导致渗漏一般是从墙体饰面处开始，逐渐延伸至内部。当墙面上出现粉化、起皮、酥松、饰面破裂和剥落等，都会导致墙体渗漏。墙体渗漏严重影响房屋的外观和使用，还会削弱墙体的承载力，必须重视对墙体渗漏的维修。

一、墙体易渗漏部位及产生原因

（一）渗漏的主要部位

(1) 外墙面饰面剥落或开裂引起的渗漏。

(2) 门窗框与墙节点处渗漏。

(3) 女儿墙外侧渗漏。

(4) 墙体变形缝处渗漏。

(5) 穿墙管道根部渗漏。

（二）产生渗漏的原因

(1) 外墙饰面层的面层与基体间粘结不牢或出现空鼓，导致外墙饰面剥落。

(2) 墙体上的沉降裂缝、温度裂缝以及受力裂缝延伸至饰面层，形成渗漏通道。

(3) 砌体的砌筑砂浆不饱满、灰缝有空隙，出现毛细通道形成虹吸作用；室内装饰面的材质质地松散，易将毛细孔中的水分散发；饰面抹灰层厚度不均匀，抹灰层在收缩时易发生裂缝和脱壳形成渗水通道。

(4) 门窗口与墙体连接密封不严；窗口上沿未设鹰嘴和滴水线；室外窗台板高于室内窗台板；室外窗台板未做顺水坡或坡度向里，导致倒泛水现象。

(5) "后塞口法"安装的窗框与墙体之间没有认真嵌填密封膏，或金属窗框的保护带没撕净，导致渗水。

(6) 变形缝两侧墙体排水、导水不良；嵌填用的密封材料水密性差；盖板构造错误，导致水渗入墙体和室内。

二、墙体渗漏的维修

1. 外墙饰面脱落、空鼓引起渗漏的维修

(1) 抹灰类墙面的灰皮脱落、空鼓等损坏，应将损坏部分铲除，局部或全部重做抹灰。

(2) 有饰面砖的墙体，若底子灰与基层之间空鼓面积较大或脱落，应凿除重做；若空鼓面积不大，且与四周连接牢固，可在灰缝处钻小孔深入基层约10mm，由小孔注入环氧树脂加固。

(3) 如果饰面砖与底子灰间空鼓而且面砖裂损，应更换面砖；若面砖完好，可在灰缝处钻孔注入环氧树脂加固。

(4) 当饰面砖脱落，应按铺贴面砖的施工做法补贴新砖，也可用专用粘合剂（如陶瓷砖粘合剂）粘贴新饰面砖。

(5) 对风化缺损的饰面砖可用配色环氧树脂胶泥嵌补缺损处，然后打磨平整。

2. 外墙饰面层开裂引起渗漏的维修

(1) 对抹灰饰面的开裂，若灰皮开裂而基体完好，可把裂缝加宽到20mm以上，清除缝中杂质，浇水润湿，按抹灰做法补缝。补做的抹灰应尽量与周边旧抹灰面平齐一致。

(2) 由于墙面自身裂缝延续到饰面砖上，修理时不但要拆换损坏的面砖，还要把墙面的裂缝用环氧树脂等灌补密实。

(3) 若饰面砖因材质差，在风雨侵蚀下出现裂纹，或面砖间的灰缝虽有微小裂纹但防水功能仍良好，对这些细裂纹可暂不处理，但应加强检查，若发现已有渗水，应更换面砖。在更换、修补饰面砖时，注意检查基层有无孔洞、开裂等缺陷，如有缺陷应先用水泥砂浆或密封材料嵌填修补。

3. 窗台倒泛水的维修

(1) 若外窗台排水不顺或倒坡，应于窗台上用水泥砂浆抹出向外的排水坡。

(2) 若窗框与墙体之间酥松或不密实，应把原砂浆清除，用密封材料将交接处的缝封严。金属窗外框与室内窗台板的间隙要用密封胶封闭。

4. 门窗框与墙体连接处缝隙渗漏的维修

先沿门窗框与墙体连接处的缝隙凿缝，清理干净后用油膏嵌缝或用沥青麻丝填塞，再用水泥砂浆勾缝，然后在窗框周围的外墙面上喷涂两遍防水剂，如图 5-18 所示。

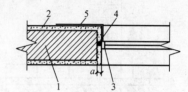

图 5-18 门窗框与墙体连接处缝隙渗漏维修

1—砖墙；2—外墙面；3—门窗框；
4—油膏；5—防水剂；a—缝宽

5. 墙体变形缝渗漏的维修

对采用金属折板盖缝的变形缝，要更换已锈蚀损坏的金属折板。折板应顺水流方向搭接，搭接长度不应小于40mm。

对采用弹性材料嵌缝的变形缝，应清除缝内失效的嵌缝材料及浮灰、杂物，待缝内干燥后，设置背衬材料，然后分层嵌填油膏。油膏要和缝壁粘牢封严，如图 5-19 所示。

6. 穿墙管道根部渗漏的维修

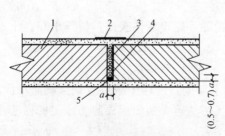

图 5-19 变形缝渗漏维修

1—砖砌体；2—室内盖缝板；3—填充材料；
4—背衬材料；5—油膏；a—缝宽

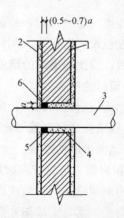

图 5-20 穿墙管渗漏维修

1—砖墙；2—外墙面；3—穿墙管；
4—细石混凝土或水泥砂浆；5—背衬材料；6—油膏；a—缝宽

建筑施工时因各种需要要在墙体上留设穿墙管道,若这些管道与墙体间的缝隙在最后填塞时内部嵌填不严,雨水就会顺着缝隙渗入造成渗漏。如果渗漏情况不严重时,可用墙体一般开裂方法进行维修。如果渗漏严重,应将渗漏处穿墙管道周边的原砌块或填充物拆除,用钢丝刷和压力水冲洗干净,支模板后再用C20细石混凝土或用1:2水泥砂浆固定穿墙管道,管道与外墙交接处设置背衬材料,然后分层嵌填油膏,如图5-20所示。

第三节 厨房、卫生间渗漏的维修

厨房、卫生间因功能所需常有水流过,而且给排水、煤气等不同用途的管道穿过墙体和地面,如果防水措施不当或施工质量低、封闭不严时,常出现渗漏现象。

厨房、卫生间的渗漏会造成住户使用不便,影响生活质量和楼上、楼下相邻住户的关系。常见厨房、卫生间楼地面涂料防水做法如图5-21所示。

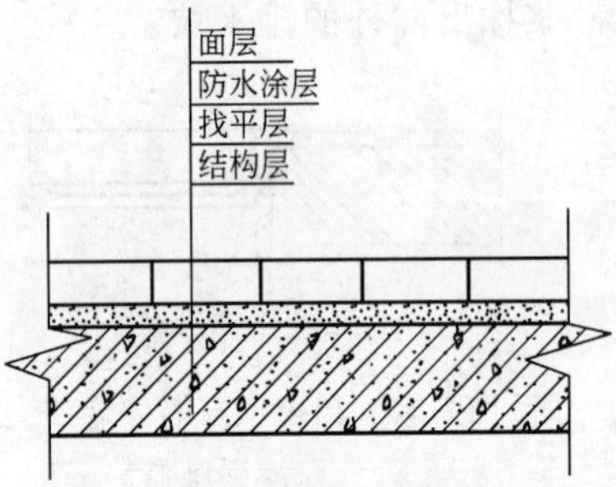

图5-21 卫生间涂膜防水构造

一、厨房、卫生间渗漏的主要部位和产生原因

(一)厨房、卫生间渗漏的主要部位

(1)地漏周边或卫生洁具与楼地面相交处渗漏。

(2)管道穿过楼地面处渗漏。

(3)楼地面与墙面交接部位渗漏。

(4)地面的裂缝引起的渗漏。

(二)产生渗漏的原因

(1)基层(找平层)的施工质量粗糙,出现空鼓或裂缝形成渗水通道。

(2)穿过楼板的立管未做套管,或堵洞混凝土与立管管壁交接处不严密。

(3)楼地面与墙面踢脚未同时做基层和防水层,或因楼地面受荷载作用在墙体和楼地面交接处出现挠曲变形产生裂缝,形成渗水通道。

(4)地漏周边和卫生洁具周边堵洞的细石混凝土不密实及地漏上口排水构造未做好而引起渗漏。

(5)楼地面面层施工时,标高控制不准,未形成符合规范规定的排水坡度并坡向地漏,地面形成积水或倒泛水。

二、厨房、卫生间渗漏的维修

(一)墙面腐蚀修补

将墙面饰面层起壳、剥落、酥松等损坏部位凿除,露出墙体表面,清理干净,干燥后用1:2防水砂浆抹底,再重做饰面层。

(二)楼地面渗漏的维修

1. 大面积渗漏。可先铲除面层材料,暴露漏水部位,清理干净后重新涂刷防水涂料,通常都要加铺胎体增强材料做成涂膜防水层,施工方法可参照屋面涂膜防水层的做法。防水层完成后需经试水,无渗漏才能重做面层。

2. 裂缝渗漏的维修:

(1)宽度在0.5mm以下的裂缝,可不铲除面层,将裂缝处清理干净,待干燥后沿裂缝涂刷多遍高分子防水涂料封闭。

(2) 宽度在 0.5～2mm 之间的裂缝，沿缝两边剔除面层，约 40mm 宽，清理干净后铺涂膜防水层，然后重做面层。

(3) 宽度在 2mm 以上的裂缝，宜用填逢处理。处理时先铲除面层，沿裂缝的位置进行剔槽（槽的宽度和深度不小于 10mm，呈 V 字形），清理干净后在槽内嵌填密封材料，再铺贴带胎体增强材料的涂膜防水层，最后重做面层。

（三）管道穿过楼地面处渗漏的维修

(1) 穿过楼地面管道根部积水，裂缝渗漏。沿管根部剔凿出宽度和深度均不少于 10mm 的沟槽，清除浮灰、杂物后，槽内部嵌填合成高分子密封材料，然后沿管道高度及地面水平方向涂刷宽度均不少于 100mm、厚度不小于 1mm 的合成高分子防水涂料。

(2) 穿过楼地面的套管损坏。更换套管，套管上部高出地面 20mm，套管下部与顶棚底齐平，套管内径与立管外径的环隙应做封闭处理，以防从环隙渗透污水，套管根部要密封。

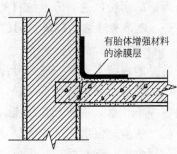

（四）楼地面与墙面交接部位渗漏的维修

1. 贴缝法

如墙根部裂缝较小，渗水不严重，可采用贴缝修补。把裂缝部位清理干净后，在裂缝部位涂刷防水涂料，并加贴胎体增强材料将缝隙密封，如图 5-22 所示。

图 5-22 贴缝法处理墙根渗漏

2. 凿槽嵌填法

先凿除渗漏处楼地面及踢脚处面层，宽度均为 200mm 左右，然后沿墙根剔出高 60mm，深 40mm 左右的水平槽。槽内先用密封材料嵌填密实，再用 1：2 防水砂浆将凿开的楼地面及踢脚粉刷好，最后重做面层。

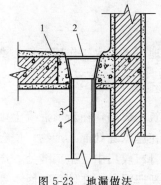

图 5-23 地漏做法
1—面层；2—地漏；3—油麻丝；4—排水管

（五）地漏周边渗漏的维修

若地漏周边孔洞填堵的混凝土酥松，并混有砖块、碎混凝土等垃圾，则应全部凿除，重新支模，浇筑 C20 细石混凝土。若地漏上口排水不畅，可将地漏周边楼地面面层凿除，重新找坡做地漏。地漏上口应做成"八"字形，低于地面 30mm，楼地面找平砂浆应覆盖地漏周边与堵洞混凝土的缝隙，最后重做面层。如图 5-23 所示。

三、厨房、卫生间渗漏维修施工质量和检验要求

(1) 厨房、卫生间渗漏维修工程完工后应及时组织相关人员进行验收。

(2) 施工前要了解原防水层的构造和做法。若原防水构造不合理或没有防水层，在维修时应修改防水层的设计或增设防水层。

(3) 施工前要了解原防水层所使用的防水材料。维修时应充分考虑所选防水密封材料与原防水层性能上是否相容，维修时选用的防水密封材料要符合厨房、卫生间防水层的技术要求。

(4) 维修时对损坏原因要有针对性地向用户讲明，对用户要加强宣传、教育，使之能了解卫生间的正确使用和养护方法，自觉做到合理使用，避免因不合理使用造成人为的

损坏。

第四节 地下室渗漏的维修

地下室是房屋建筑的组成部分,常埋设在地下或水下。当地下水位高于地下室底板时,在水压作用下,地下水会渗透到室内,容易使地下室潮湿和渗水。渗透作用随着水位、水压增加而增加,这就要求地下室防水措施比屋面等处要有更高的要求。

地下构筑物的防水方案有三大类:一是结构自防水,即依靠防水混凝土本身的抗渗性和密实性来进行防水;二是在结构的外侧(或内侧)加水泥砂浆、卷材或涂料防水层,以加强防水能力;三是利用渗排水设施防水,利用设置盲沟、渗排水层等措施来降低地下构筑物附近的水位以达到防水的目的。

一、地下室渗漏的现象、部位及产生原因

(一)渗漏的现象

常见的渗漏水现象一般可分以下四种:

(1)慢渗。漏水现象不明显,擦干漏水处,3~5分钟后才能看出湿痕,隔一段时间才出现一小片水,逐渐汇集成流。

(2)快渗。漏水比慢渗明显,擦干漏水处能立即出现水痕并很快成片顺墙流下。

(3)急流。漏水明显,形成一股水流,由漏水孔、缝隙顺墙急流而下。

(4)高压急流。漏水严重,水压较大,常常形成长水柱由漏水处喷射而出。

(二)产生渗漏的部位及原因

1. 防水混凝土自防水结构的渗漏

(1)混凝土结构缺陷造成的渗漏。

若地下室的混凝土墙、底板有蜂窝、孔洞、麻面等缺陷,地下水在水压作用下便会渗入,渗水情况或缓或急,视裂缝、孔洞的大小而定。

(2)施工缝处渗漏。

地下室工程的墙体、底板在施工时往往不是一次性连续浇筑完成的,在新旧混凝土接合处留下了施工缝,这些施工缝是防水的薄弱环节。若施工时在施工缝处混入杂物,便会形成夹心,使墙体或底板出现缺陷;或因浇筑时下料不当,使骨料较集中于施工缝处,产生孔洞或蜂窝;或因浇筑时对新旧混凝土接头部位没做处理,新旧混凝土在硬化时因本身收缩不一致使施工缝开裂造成渗漏。

(3)混凝土干缩产生的裂缝处渗漏。

混凝土在硬化过程中必有收缩,倘若混凝土的施工质量达不到要求就容易出现干缩裂缝造成渗漏。

(4)预埋管件处的渗漏。

其产生原因大多是这些部位防水处理不当或未做防水处理,或因施工时未预留穿墙管道的位置,不得不在安装管道时开凿孔洞,破坏了整体防水功能。

(5)地下室因结构变形、基础下沉而产生的结构裂缝处渗漏。

2. 水泥砂浆防水层的渗漏

施工时未严格按施工规范操作,水泥砂浆防水层出现龟裂、空鼓、剥落等现象;或因

受地下水长期侵蚀,砂浆防水层破损,引起渗漏。

其他引起渗漏的部位和原因与防水混凝土自防水结构相同。

3. 卷材防水层的渗漏

(1) 由于受侵蚀性地下水的腐蚀使防水层损坏或卷材和胶结材料老化产生渗漏。

(2) 卷材在搭接处因搭接宽度不足或搭接不严在接口处渗漏。

(3) 结构转角处铺贴不严实引起渗漏。

其他引起渗漏的部位和原因与防水混凝土自防水结构相同。

4. 涂膜防水层的渗漏

涂膜防水层引起渗漏的原因和部位与卷材防水层相同。

5. 变形缝处的渗漏

设置变形缝是为了减小或消除温度变化、地基沉降等对房屋结构的影响。变形缝要作防水处理,其措施是施工时在变形缝处预埋变形缝止水带。变形缝的构造如图 5-24 所示。

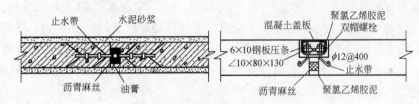

图 5-24 地下室变形缝构造

变形缝处渗漏原因主要有:

(1) 止水带固定方法不当,埋设位置不准确或浇筑混凝土时被挠动。

(2) 止水带两翼的混凝土包裹不严,特别是底板止水带下面的混凝土振捣不实。

(3) 钢筋过密,浇筑混凝土时下料和振捣不当,造成止水带周围骨料集中,混凝土离析,产生蜂窝、麻面。

(4) 混凝土分层浇筑前,止水带周围的木屑杂物等未清理干净,在混凝土中形成夹层渗漏。

(5) 止水带受腐蚀老化引起渗漏。

二、地下室渗漏的维修

(一) 渗漏的检查及补漏的原则

渗漏量较大或比较明显的渗漏水部位,可直接观察确定。慢渗或不明显的渗漏水,可将漏水部位擦干后立即在漏水处撒一薄层水泥粉,表面出现的湿点或湿线处,即为渗漏水孔眼或缝隙。如上述方法仍不能查清漏水位置时,则用快凝水泥胶浆(水泥:促凝剂为 1:1)在漏水处表面均匀涂抹一薄层,并立即在表面上再均匀撒上干水泥薄层,干水泥表面出现的湿点或湿线处,即为渗漏部位。

堵漏的施工顺序是先堵大漏,后堵小漏;先高处,后低处;先墙身,后底板。堵漏的原则是把大漏变小漏,线漏变点漏,片漏变孔漏,使漏水集中一点或数点,最后逐个堵塞,做到不渗漏为止。

(二) 地下室的堵漏方法

1. 孔洞堵漏

(1) 直接堵塞法。一般在水压不大（水头在2m以下）、漏水孔眼较小时采用。操作时根据渗漏水量的大小，以漏水点为圆心剔成圆孔，孔的直径为10～30mm。深为30～50mm，孔壁必须与基层面垂直。用水将孔冲洗干净，然后用1∶0.6的快硬水泥胶浆捻成与孔直径相接近的锥形团，迅速以拇指将胶浆用力压入孔内，四周挤压保持半分钟。用上述查漏水方法进行检查，若无渗漏，再用素水泥浆，防水砂浆分层抹防水面层。

(2) 下管堵漏法。当水压较大（水头在2～4m左右）、漏水孔洞较大时采用。将漏水处凿成上下基本垂直的孔洞，其深度视漏水情况而定。在孔洞底部铺上一层碎石，在上面盖一层与孔洞面积相同的油毡，中间穿孔，用一水管穿透油毡至碎石内引出渗水。若孔洞漏水在地面上，则在漏水处的四周砌筑挡水墙，用引水管将水引出墙外以便进行堵漏。用快硬水泥胶浆压满孔洞，待胶浆开始凝固时，即刻挤压密实，并使胶浆表面低于基层面10～20mm。然后在胶浆表面撒干水泥粉检查，若无渗漏，则拔出引水管，用快硬水泥胶浆条堵住孔洞，然后用掺防水剂的水泥砂浆分层抹防水层，如图5-25所示。

(3) 木楔堵漏法。当水压很大（水头在4m以上）、但漏水孔洞不大时采用。操作时，先在渗漏处凿孔，用水泥胶浆把一根直径适当的铁管稳定于凿好的孔洞内，铁管外端比基层低2～3mm，管口四周用素水泥浆和砂浆抹好，砂浆硬化后，将浸泡过沥青的木楔打入铁管内，并填入快硬水泥浆，表面抹素水泥浆和砂浆各一道，养护24小时后进行检查，确认无渗漏后，再做防水面层，如图5-26所示。

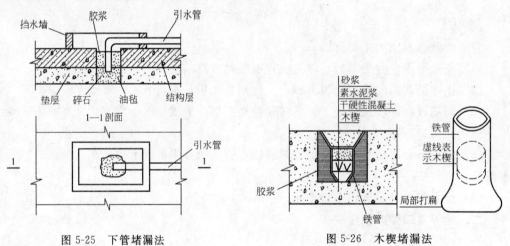

图5-25 下管堵漏法　　　　图5-26 木楔堵漏法

2. 裂缝补漏

(1) 直接堵漏法。对水压较小的缝隙渗漏采用。先沿裂缝两侧剔出深度约30mm、宽度约15mm的U形槽，用压力水冲刷干净，然后把快硬水泥胶浆捻成条形，迅速填入槽中，挤压密实，使胶浆与槽壁紧密粘结，其表面低于基层15mm。若裂缝过长，可分段堵塞。堵完后经检查无漏水后，用素水泥浆、防水水泥砂浆分层沿槽抹平，面层扫毛，待砂浆凝固后，再与其他部位一起做防水层，如图5-27所示。

(2) 下绳堵漏法。对水压较大的快渗漏水采用。先按直接堵漏法剔U形槽，在槽底部沿裂缝放置一根线绳用以引水，绳长200～300mm，绳的直径视漏水大小而定。将快硬水泥胶浆填入槽内并迅速挤压密实，使水顺绳流出，然后立即抽出线绳并用快硬水泥胶浆

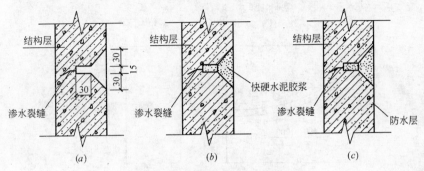

图 5-27 裂缝漏水直接堵漏法
(a) 剔槽；(b) 胶浆堵漏；(c) 做好防水层

堵塞绳孔。裂缝较长时，要分段堵塞，每段长 100～150mm，各段间留 20mm 的空隙，分别用快硬水泥胶浆压紧。各段间 20mm 宽空隙的堵塞方法是：用快硬水泥胶浆包裹圆钉插入空隙中，并迅速把胶浆向空隙周围压实，待胶浆快要凝固时，将钉子转动拔出，钉孔用直接堵漏法封堵。最后，沿槽抹素水泥浆、防水水泥砂浆各一层，如图 5-28 所示。

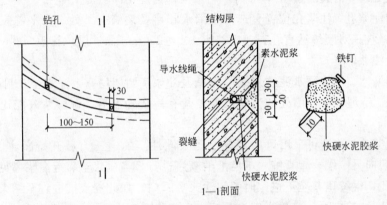

图 5-28 下绳堵漏法

(3) 下半圆铁片堵漏法。对水压较大的急流漏水采用。先将漏水处剔成深 30～50mm、宽 20～30mm 的 U 形槽，然后将长约 100～500mm、中间带圆孔的铁皮做成半圆形，弯曲后宽度与槽宽相等，每隔 500～1000mm 放一个，卡紧于槽底。将一条胶管或塑料管插入铁片孔中，并用快硬水泥胶浆把管稳住，然后用快硬水泥胶浆分段堵塞，使水顺管孔流出。经检查无渗漏后，拔出胶管，按直接堵漏法堵实管孔，最后做好表面防水层，如图 5-29 所示。

3. 其他渗漏情形的维修方法

(1) 地面较大面积渗漏的维修。对较大面积的渗漏，条件许可时一般先降低地下水位或降低水压，然后进行维修。如无法降低地下水水位或水压时，应先挖一个集水坑将水集中在坑中抽走，使水压降低，再把地面上漏水明显的孔眼、裂缝分别按孔洞漏水和裂缝漏水的堵漏方法进行处理；余下较少的毛细孔渗水，可将混凝土表面清洗干净，抹上 15mm 厚 1∶1.5 防水水泥砂浆。集水坑处的维修采用孔洞漏水直接堵塞法施工，最后做好整个地面防水层。

(2) 水压较大，裂缝较深的急流漏水的维修。可采用化学灌浆堵漏，利用化学灌浆材

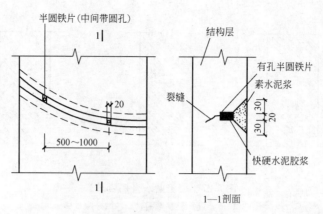

图 5-29 下半圆铁片堵漏法

料遇水后发生化学反应生成不溶于水的凝胶体、并且有自动扩散和体积微膨胀的特性,达到填缝堵漏的目的。常用化学灌浆材料有氰凝、丙凝、环氧树脂、水玻璃化学浆等。

灌浆施工的步骤如下:

1) 基层处理。沿裂缝剔出 V 形槽,用水冲刷清理干净。

2) 布置注浆孔。注浆孔位置宜选择在漏水旺盛及裂缝交叉处。水平缝宜由下向上钻斜孔,竖直缝宜正对裂缝钻直孔。孔底部留 100~200mm 保护层,孔距 500~1000mm。

3) 埋设注浆嘴。

4) 封闭漏水。用快硬水泥胶浆把 V 形槽及注浆嘴封闭堵塞,注水检查封闭情况。

5) 试灌。待埋设注浆嘴处的快硬水泥胶浆有一定强度后,调整浆液配比、注浆压力进行试灌。

6) 灌注浆液。浆液可采用风压罐或手压泵灌注。确定压力后开始灌注,注浆应按:水平缝自一端向另一端、垂直缝先下后上的顺序进行。当压浆至邻近灌浆嘴见浆后,立即关闭见浆的孔,继续压浆至不进浆时关闭注浆嘴阀门。如此逐个推进直至结束。

7) 封孔。注浆完毕,经检查无渗漏后拔出注浆嘴,用孔洞漏水直接堵塞法堵实孔眼,用防水砂浆沿 V 形槽分层抹压做成防水面层。

(3) 变形缝渗漏的修补。一般先将变形缝内嵌填物质全部剔除,再按上述相应方法将渗漏水堵住,然后在表面粘贴或涂刷氯丁胶片作为第二道防水措施,或重新埋设后埋式止水带。

(4) 穿墙管道和预埋件渗漏的处理。常温管道预埋件的渗漏,可采用裂缝直接堵漏法补漏。对于因受振而造成预埋件周边松动而出现的渗漏水,宜拆除预埋件,另行制作埋有预埋件的混凝土预制块,并在预制块的表面抹上防水层。在原预埋件处的混凝土基层上剔凿出和新预制块大小相同的凹槽,将新预制块埋入凹槽内,周边用快硬水泥胶浆嵌实,最后分层铺抹防水层补平,如图 5-30 所示。

图 5-30 受振预埋件漏水修补示意图

(三) 地下室防水工程维修施工的质量和检验要求

(1) 地下室堵漏修补后不得有渗漏或泅湿现象。

(2) 堵漏修补部位必须清理干净,用水冲刷。基层应凿毛、牢固,不得酥松及有污物。

（3）铺抹水泥砂浆防水层应密实，表面不得起砂，各层间结合牢固、无空鼓。

（4）构造转角处应做成圆弧或钝角，并有附加层。

（5）施工缝、变形缝、管件、穿墙（地）预埋件等易产生渗漏部位应封堵严密。

复习思考题

1. 卷材防水屋面常见渗漏的部位有哪些？造成渗漏的原因是什么？
2. 简述卷材防水屋面常见渗漏的维修方法。
3. 涂膜防水屋面渗漏的表现有哪些？如何进行修补？
4. 刚性防水屋面常见渗漏的部位和原因有哪些？试简述其维修方法。
5. 简述屋面保养注意事项。
6. 墙体常见渗漏的部位有哪些？造成渗漏的原因是什么？
7. 试述厨房、卫生间常见渗漏部位的维修方法。
8. 地下室发生渗漏时，用什么方法可以准确、快速地找出漏水点的准确位置？
9. 地下室防水工程维修施工时，堵漏的施工顺序和原则分别是什么？
10. 试述下管堵漏法和下绳堵漏法的原理和操作流程。

第六章 房屋的装饰维修

房屋的装饰包括室外墙面、楼地面、顶棚、细木做的饰面以及油漆等工程。由于装饰材料的老化、风化及环境污染和人为损坏等因素，经过一段时间后，会造成饰面的损坏，此外也有房屋结构或基层等损坏而造成饰面缺陷。这不仅影响到房屋的美观，而且会影响到房屋的正常使用，甚至会影响到房屋的结构安全。因此，必须及时对房屋装饰的损坏进行维修。

第一节 抹灰基层的维修

抹灰工程由基层、中层和面层组成，基层和中层一般为水泥砂浆或混合砂浆，面层根据材料不同可分涂料面层、裱糊面层、其他饰面面层等。面层的维修将在后面的内容中陆续介绍。这里主要介绍基层的维修。

抹灰工程基层的损坏形式主要有：空鼓、开裂等现象。

1. 空鼓产生的原因及维修方法

(1) 主体结构完成以后，进行抹灰施工时，由于墙面或顶棚太干燥，表面灰尘没有清理干净，施工时墙面或顶棚吸水太快，使砂浆无法硬化而产生空鼓。

(2) 墙面或顶棚表面不平整，使抹灰工程厚度不均匀而产生空鼓。

(3) 施工时没有严格按操作要求进行，没有进行分层施工，致使抹灰层厚度太厚而产生空鼓。

(4) 由于使用不当，重物撞击等原因造成抹灰层的空鼓。

维修的方法是：将空鼓部分铲除，并将基层清理干净，湿润基层后重新用相同配合比的砂浆修补，同时必须严格按操作规程进行分层施工，一般修补必须在三遍以上。

2. 开裂产生的原因及维修方法

(1) 基层砂浆的水灰比过大，增加了砂浆的收缩率而引起砂浆的开裂。

(2) 由于结构变形而引起的砂浆抹灰层的开裂。

(3) 由于基层材质不同，在两种材料的交接处没有进行适当的处理而引起开裂。

(4) 在门窗洞口由于塞缝不严密，局部振动过大而引起门窗框与墙体交接处产生开裂。

维修的方法是：如果是由于两种不同材质交接处产生的裂缝，应在裂缝处铺钉钢丝网，两边搭接宽度不少于100mm，然后再用相同配合比的砂浆修补；门窗洞口的裂缝应先用小灰匙将水泥砂浆将缝填塞严密，待达到一定强度后再用水泥砂浆找平；对于由于结构损坏而引起的裂缝，应待结构处理完成以后，再按施工要求重新进行抹灰；对于一般的裂缝可在裂缝处用掺有108胶的水泥砂浆进行修补。

第二节 墙体饰面的维修

内墙饰面主要是指内墙涂料饰面、内墙面砖、花岗石、大理石、墙纸等。

一、内墙饰面

内墙涂料分为水性涂料和油性涂料。水性涂料为内墙各种型号的乳胶漆。油性涂料为各种类型的油漆。

1. 内墙涂料饰面的维修

(1) 乳胶漆

乳胶漆的主要缺陷有表面粗糙、有疙瘩、表面起皮、腻子翻皮、表面污染等,其产生的原因和维修方法分别是:

1) 表面粗糙、有疙瘩产生的主要原因是:基层表面的灰尘未清理干净,表面不平整,砂纸打磨不够或漏磨;或施工环境中空气杂质太多;或基层表面太干燥,施工环境温度较高,以至涂料干燥太快。

维修方法是:用细砂纸轻轻打磨光滑或用铲刀将小疙瘩铲除平整,并用较稀的涂料刷涂一至二遍。

2) 表面起皮产生的主要原因是:基层表面太光滑或有油污尘灰、隔离剂等引起涂膜附着不牢固;或基层腻子胶性太小而涂膜表面胶性太大,形成外焦内嫩的状态,引起表面开裂卷皮;或腻子刮得太厚,基层太干燥而引起。

维修方法是:对起皮的涂膜应将起皮部分铲除干净,找出具体的原因,经采取措施后再重新刮抹腻子。

3) 表面污染产生的原因是:由于受到人为或其他因素的损坏而引起。

维修方法是:污染较轻的可用细砂纸轻轻打磨,把表面的灰尘、污染打磨掉即可,污染严重的应先用细砂纸轻轻打磨,然后再用同种性质的乳胶漆涂刷一至二遍。

4) 乳胶漆的涂饰质量和检验方法见表 6-1。

乳胶漆的涂饰质量和检验方法　　　　　表 6-1

项次	项　目	普通涂饰	高级涂饰	检 验 方 法
1	颜色	均匀一致	均匀一致	观察
2	泛碱、咬色	允许少量轻微	不允许	观察、手模检验
3	流坠、疙瘩	允许少量轻微	不允许	观察
4	砂眼、刷纹	允许少量轻微砂眼,刷纹通顺	无砂眼,无刷纹	观察
5	装饰线、分色线直线允许偏差	2mm	1mm	拉 5m 线,不足 5m 拉通线用钢直尺检查

(2) 油漆

油漆在使用过程中产生的缺陷主要有流坠、下垂、漆膜粗糙、慢干、回粘、漆膜皱纹、漆膜起泡等等。其产生的原因和维修方法分别是:

1) 流坠、下垂产生的原因是:由于油漆中加的稀释剂过多,降低了油漆正常的施工黏度,油漆不能附着在物体表面而流淌下;或是由于稀释剂挥发太慢,油漆流动性大而引起;或是漆膜太厚,由于自重造成流坠等。

维修的方法:是对于轻微的油漆流坠,可以用砂纸将流坠油漆磨平整;对于大面积油漆流坠,应用水砂纸磨平或用铲刀铲除干净,并在修补腻子后,再满刷同种性质的油漆一至二遍。

2) 漆膜粗糙产生的原因是:由于施工环境不洁净,灰尘、砂粒沾到未干的油漆上或是将两种不同性质的油漆混合在一起；或是调制时搅拌不均匀，杂质混入漆料中等原因。

维修的方法是：当发现底漆膜有粗粒时，应先进行处理，再涂刷面漆，漆膜表面粗糙可用砂纸打磨光滑清除灰尘再刷一至二遍油漆即可。

3）慢干、回粘产生的原因是：首遍油漆未干，又刷第二遍油漆，造成成漆干燥结膜，底漆不能固结；或物体表面不干净有蜡、油等附着在基层上；或表面没有完全慢干回粘，就进行油漆施工等原因。

维修的方法是：漆膜有轻微的慢干回粘现象，可加强通风，适当增高温度，观察数日，如确不能慢干回粘结膜，应用强溶剂洗掉，再重新刷油漆。

4）漆膜皱纹产生的原因是：施工时温度太高或受太阳直接暴晒及催干剂太多，漆膜内外干燥不均匀引起表面皱纹；底漆过厚，未干透或黏度太大，漆膜表面干结成膜，隔绝了下层与空气的接触，导致外干里面不干而形成皱纹。

维修的方法是：应待漆膜完全干燥后，用水砂纸轻轻将皱纹打磨平整。皱纹较重不能磨平的，应在凹陷处补腻子找平，再做一至二遍面漆。

5）漆膜起泡产生的原因是：基层因潮湿、水分蒸发而造成漆膜起泡；施工环境温度太高，或太阳暴晒使底漆未干透，遇到雨水又涂上面漆，底漆未干时，产生气体将面漆顶起。

维修的方法是：应待漆膜完全干燥后，用水砂纸轻轻将皱纹打磨平整。较严重的漆膜起泡必须将漆膜铲除干净，待基层干透后针对起泡的原因经过处理，再做一至二遍面漆。

6）油漆工程的涂饰质量和检验方法见表6-2、表6-3。

色漆的涂饰质量和检验方法　　　　　　　　　　表6-2

项次	项目	普通涂饰	高级涂饰	检验方法
1	颜色	均匀一致	均匀一致	观察
2	光泽、光滑	光泽基本一致光滑无挡手感	光泽均匀一致光滑	观察、手模检验
3	刷纹	刷纹通顺	无刷纹	观察
4	裹棱、流坠、皱皮	明显处不允许	不允许	观察
5	装饰线、分色线直线允许偏差	2mm	1mm	拉5m线，不足5m拉通线用钢直尺检查

清漆的涂饰质量和检验方法　　　　　　　　　　表6-3

项次	项目	普通涂饰	高级涂饰	检验方法
1	颜色	基本一致	均匀一致	观察
2	光泽 光滑	光泽基本均匀光滑无挡手感	光泽均匀一致 光滑	观察、手模检验
3	刷纹	无刷纹	无刷纹	观察
4	裹棱、流坠、皱皮	明显处不允许	不允许	观察
5	木纹	棕眼刮平、木纹清楚	棕眼刮平、木纹清楚	观察

2．墙纸的维修

墙纸在使用过程中产生的缺陷主要有腻子翻边、翘边、空鼓起泡、褪色、污染等。其产生的原因和维修方法分别是：

（1）腻子翻边、翘边产生的原因是：腻子调配不好，基层有灰层、油污等；基层表面粗糙、干燥或潮湿，使胶液与基层粘结不牢，墙面墙纸卷翘；胶粘剂胶性小，造成纸边翘起,特别是阴角和阳角处;阳角处裹过阳角的墙纸少于20mm,未能克服墙纸的表面张力而引起翘边。

维修的方法:维修时基层表面的灰尘、油污必须先清理干净,如不平时必须用腻子补平,再用较强的胶粘剂重新粘贴;维修时应根据不同的墙纸选用不同的粘结胶液。对于阴阳角的处理应严格按施工规范操作,如墙纸已发硬,一时难以粘结牢固,则可以先用电熨斗熨一下,使墙纸发软,然后再用较强的胶粘剂重新粘贴,这样效果会更好。

(2) 空鼓起泡产生的原因是:施工时,操作不当,造成胶液存留在墙纸内部,长期不能干结形成胶囊或未将墙纸内的空气全部挤出而形成气泡;基层潮湿或表面有灰尘、油污。

维修的方法是:应先在墙纸的空鼓起泡部位用刀子沿墙纸长方向切开,将潮气或空气放出,待基层完全干燥或将鼓包内空气排出后,用针筒将胶液注入鼓包内压实,使墙纸粘结牢固,维修时如有多余胶液应及时清理。

(3) 褪色、污染产生的原因是:主要是墙纸的材质不良,易褪色或者是受阳光直接照射、接触污染等因素造成。

维修的方法是:如果是褪色严重可将褪色部分墙纸撕掉,重新铺贴。如受污染可用热水清洗或在墙纸表面刷一层乳胶白漆。

3. 内墙面砖的维修

内墙面砖的主要缺陷有:空鼓、脱落、裂缝、变色。其产生的原因和维修方法分别是:

(1) 空鼓、脱落产生的原因是:基层没有处理好,墙面湿润不透,砂浆失水太快,影响粘结强度;瓷砖浸水不足,粘贴砂浆不饱满、厚度不匀、操作时用力不匀而造成。

维修方法是:把空鼓、脱落处的瓷砖取下,铲除原有的砂浆,采用聚合物水泥砂浆粘贴修补。取瓷砖时应先用切割机在需要铲除的瓷砖四周进行切割,然后再用小锤和钢钎打凿瓷砖和砂浆,避免引起周围瓷砖的损坏。维修时应选用规格、颜色与原墙体相同或相似的饰面材料,原面砖和砂浆铲除后,底层应清理干净,露出原基层,要求平整、垂直。施工时先用素水泥浆刷一遍,以增加基层的粘结力,用1:3水泥砂浆做底灰,按施工要求先把面砖放入水中浸泡2~4h(直到不冒气泡为止),晒晾干,再按操作要求进行施工。粘贴砂浆宜用掺入108胶的水泥砂浆。

(2) 裂缝、变色产生的原因是:面砖质量不好,材质松脆、吸水率大,由于湿膨胀较大,产生内应力而开裂;或由于基层、结构的裂缝引起面层瓷砖的裂缝;或面砖质地疏松,施工时浸泡不透,粘贴时砂浆中的浆水从面砖背面进入砖坯内,并从透明釉面上反映出来,致使面砖变色。

维修的方法是与空鼓、脱落的面砖维修方法相同。

4. 花岗石、大理石的维修

花岗石、大理石的主要缺陷有:开裂、空鼓。

(1) 开裂产生的原因是:由于受到结构裂缝或外力的影响,施工时上下空隙较小,结构变形产生拉力使饰面产生开裂;或由于花岗石、大理石受到腐蚀性气体和湿空气侵入,造成紧固件的锈蚀,引起板面裂缝。

维修的方法是:如是由于结构裂缝引起的饰面开裂,应先待结构沉降稳定后开始维修。对于不影响使用和美观的细微裂缝一般可不进行维修；对于较大的裂缝可用环氧树脂浆掺加色浆进行修补，色浆的颜色应尽量做到与饰面相接近；对于影响使用和美观的裂缝应取下重新安装。安装的方法可采用环氧树脂钢螺栓锚固法。具体操作要求如下：

1) 钻孔：对需要修补的饰面板，确定钻孔位置和数量，先用冲击电钻钻孔，孔径为 $\phi6mm$，孔深为 30mm；再在钻孔处用 $\phi5mm$ 的钻头在饰面板上钻入 5~10mm。钻孔时应向下成 15°的倾角，防止灌浆后环氧树脂外溢。

2) 除灰：钻孔后将孔洞内灰尘全部清理干净。

3) 环氧树脂水泥浆的配合比及配制是：环氧树脂：邻苯二甲酸二丁酯：590 号固化剂：水泥＝100：20：20：(100~200)。配制时先将环氧树脂和邻苯二甲酸二丁酯搅拌均匀后，加入固化剂搅匀，再加入水泥搅匀后，倒入罐中待用。

4) 灌浆：灌浆时，采用树脂枪灌注，枪头应深入孔底，慢慢向外退出。

5) 安放固定件：固定件为 $\phi6mm$ 的一端拧上六角螺母，另一端带螺纹的螺栓杆。放入螺栓杆时，应经过化学除油处理，表面涂抹一层环氧树脂浆后，慢慢转入孔内。为避免水泥浆外流弄脏饰面板的表面，可用石灰堵塞洞口，待胶浆固化后，再清理堵口，对残留在饰面板表面的树脂浆用丙酮或二甲苯及时擦洗干净。

6) 砂浆封口：树脂浆灌注 2~3 天后，孔洞可用 108 胶白水泥浆掺色封口，色浆的颜色应尽量做到与饰面相接近。

(2) 空鼓产生的原因是：由于基层渗水及灌浆不饱满，固定不牢等因素造成。

维修的方法是：对于空鼓面积不大且空鼓位置在板边的饰面板，可先把空鼓处的缝隙部位清理干净，然后用针筒抽取适量的环氧树脂浆直接注入到空鼓处即可；对于空鼓位置不在板边的饰面板，可先用 $\phi5mm$ 的冲击电钻在饰面板的空鼓处钻孔，然后用针筒抽取适量的环氧树脂浆直接注入到空鼓处，待环氧树脂浆硬化后再用掺入与饰面板颜色相似色浆的环氧树脂浆胶封口，硬化后用抛光机进行抛光打蜡处理；对于空鼓面积较大的饰面板应取下重新安装。安装的方法可采用环氧树脂钢螺栓锚固法。

二、外墙饰面

外墙饰面主要是指外墙普通抹灰、外墙装饰抹灰、外墙块料饰面等。

1. 外墙普通抹灰

外墙普通抹灰的主要缺陷有：空鼓和裂缝。其产生的原因和维修方法分别是：

空鼓和裂缝产生的原因是：施工时基层处理不好，表面杂质清理不干净；墙面浇水不透或不匀，影响底层砂浆与基层的粘结；一次抹灰太厚或各层抹灰间隔太近；墙面砂浆失水过快或抹灰后没有适当浇水养护；施工时压实不严造成。

维修方法是：对于空鼓应先铲除空鼓部分，然后再重新补抹底灰，补抹时应先涂刷一层 108 胶水的素水泥浆粘结层，以增加与基层的砂浆粘结力，又可将表面的浮灰粘牢于墙面上，如果抹灰层较厚，应分层进行，同时施工完成以后要进行养护。对于裂缝可用乳胶漆掺石膏或滑石粉，调配成腻子，再用腻子垂直于裂缝方向批刮，使腻子渗入到裂缝中，待腻子干燥后用砂纸打磨平整，再刷两遍乳胶漆。

2. 外墙装饰抹灰

外墙装饰抹灰主要指拉毛、甩毛、水刷石、干粘石等，主要缺陷有表面污染、空鼓、开裂等。其产生的原因和维修方法分别是：

(1) 表面污染产生的原因是：由于装饰抹灰表面凹凸不平，容易积灰尘而造成表面污染。

维修方法是：用高压水冲洗被污染的墙面或用草根刷蘸水来搓刷。

(2) 空鼓、开裂产生的原因是：基层的灰尘未清理干净，造成底灰与基层粘结不牢；基层表面太光滑，而又没有进行必要的处理，就进行面层的施工；施工前基层不浇水或浇水过多易流，浇水不足易干，浇水不匀导致干缩不均；或因脱水快而干缩，罩面灰干得快抹压不均匀，砂浆水灰比太大，抹压的遍数少，养护不当等造成空鼓、裂缝。

维修方法是：将空鼓或开裂部分抹灰铲除，将基层凿毛后用水清理干净，并将四周的抹灰层湿润，稍干后在需要补抹处刷一道水泥浆或108胶水泥浆，再重新补抹砂浆。补抹时应严格按施工操作规程的要求进行。

(3) 外墙块料饰面的主要缺陷和维修方法同内墙块料饰面。

3. 外墙饰面的质量要求和检验方法见表6-4、表6-5、表6-6。

外墙装饰抹灰的质量要求和检验方法　　　　表6-4

项次	项 目	允许偏差/mm				检 验 方 法
		水刷石	斩假石	干粘石	假面砖	
1	立面垂直度	5	4	5	5	用2m垂直检测尺检查
2	表面平整度	3	3	5	4	用2m靠尺和塞尺检查
3	阳角方正	3	3	4	4	用直角检测尺检查
4	分格条(缝)直线度	3	3	3	3	拉5m线,不足5m拉通线用钢直尺检查
5	墙裙、勒脚上口直线度	3	3	—	—	拉5m线,不足5m拉通线用钢直尺检查

一般抹灰的质量要求和检验方法　　　　表6-5

项次	项 目	允许偏差/mm		检 验 方 法
		普通抹灰	高级抹灰	
1	立面垂直度	4	3	用2m垂直检测尺检查
2	表面平整度	4	3	用2m靠尺和塞尺检查
3	阴阳角方正	4	3	用直角检测尺检查
4	分格条(缝)直线度	4	3	拉5m线,不足5m拉通线用钢直尺检查
5	墙裙、勒脚上口直线度	4	3	拉5m线,不足5m拉通线用钢直尺检查

注：1. 普通抹灰，第3项阴角方正可不检查；
　　2. 顶棚抹灰，第2项表面平整度可不检查，但应平顺。

外墙饰面砖的质量要求和检验方法　　　　表6-6

项次	项 目	允许偏差/mm		检 验 方 法
		外墙面砖	内墙面砖	
1	立面垂直度	3	2	用2m垂直检测尺检查
2	表面平整度	4	3	用2m靠尺和塞尺检查
3	阴阳角方正	3	3	用直角检测尺检查
4	接缝直线度	3	2	拉5m线,不足5m拉通线用钢直尺检查
5	接缝高低差	1	0.5	用钢直尺和塞尺检查
6	接缝宽度	1	1	用钢直尺检查

第三节　楼地面的维修

楼地面工程主要是指整体地面、块材地面和地板地面等。

一、整体地面

整体地面主要包括水泥砂浆地面、混凝土地面和水磨石地面等几种。

(1) 水泥砂浆地面、混凝土地面的缺陷主要有：起砂、开裂、空鼓等。其产生的原因和维修方法分别是：

1) 起砂产生的原因是：水泥砂浆的水灰比过大，降低面层砂浆的强度；工序安排不当，过早或过迟压光，养护时间不到或地面施工完成不到24h即浇水养护，破坏了面层；材料不符合要求，如水泥强度等级不够、过期受潮结块，砂子过细或含泥量过高，未经配合比试验；冬期施工水泥砂浆受冻，粘结力被破坏，形成松散颗粒一经走动也会起砂。

维修方法是：用工具将起砂的面层清理干净，用水润湿一天左右，再抹108胶水泥砂浆，其配合比为108胶∶水泥∶中砂=1∶5∶2.5，厚度以10~20mm为宜，次日用草覆盖，浇水养护。也可用108胶水泥浆刷涂，施工时先地底层刮一层108胶浆，其配合比为108胶∶水泥=1∶4拌合后，加适量水调至胶状，用刮板刮平；待底层108胶初凝后刷面胶2~3遍，每刷一遍面胶之前，须打磨平整光滑，面层108胶的配合比为108胶∶水泥=1∶5，加水适量，第一遍涂刷厚度为1mm左右，次日再涂刷第二遍厚度为2mm左右，然后即可覆盖养护。

2) 开裂、空鼓产生的原因是：由于基层清理不干净，有落地灰、污物、浮灰等，影响与面层的结合；基层表面不浇水湿润或浇水不足，面层砂浆水分被基层吸收使强度降低，导致与基层粘结不牢；基层表面积水，增大面层砂浆的水灰比，影响与基层的粘结；由于楼板填缝不实，水泥砂浆的水灰比过大造成强度不足、收缩不一致而产生开裂；或使用不当在水泥砂浆面层用力敲击，使之振动、粘结破坏而造成开裂或起空鼓。

维修方法是：将空鼓的部位铲除，抹108胶水泥砂浆。在铲除空鼓部位时，要用钢砧把四周剔成坡口。然后用水冲洗干净，再分层抹108胶水泥砂浆，用钢抹子压平抹光，次日覆盖并加水养护。

(2) 水磨石地面的缺陷主要有：缺棱、掉角、裂缝等。其产生的原因和维修方法分别是：

1) 缺棱、掉角产生的原因是：由于基层粘结不牢，出现空鼓面层受力产生；没有设置分格条导致水磨石地面的膨胀、起鼓而引起；或表面受重力所致。

维修的方法是：先在需要修补的地方浇水湿润进行清理，然后用1∶2.5的白水泥砂浆做垫层，再按修补用量配置色灰，然后用环氧树脂加乙二胺及适量稀释量拌成粥状粘结剂与已拌制好的色灰进行充分的混合成粘结料，并用铲刀将粘结料镶贴在修补处且高出原地面1~2mm。养护2~3天后，先用80目粗磨石磨去高出部分，最后用120目磨石和240目油石进行细磨、抛光并打蜡即可。

2) 裂缝产生的原因是：基层或结构的变形引起水磨石面层的开裂；水磨石面层的膨胀而引起面层的开裂。

维修的方法是：裂缝较宽时可用维修缺棱、掉角用的粘结料直接抹在裂缝处（注意要填嵌密实），待硬化后用磨石进行粗、细磨并抛光打蜡；裂缝较小时可用粘结液中加入与水磨石颜色相同的颜料，对裂缝进行灌注。待粘结液硬化后用磨石或水砂纸进行打磨、抛光即可。

二、块材地面

块材地面主要指地砖地面、大理石地面、花岗岩地面等。它的主要缺陷和维修方法同外墙饰面相同。

三、地板地面

地板地面主要指实木地板地面、复合地板地面、塑料地板地面等。

它们的主要缺陷有：木地板地面的开裂、起鼓、松动、表面油漆的剥落等；复合地板的变形、表面磨损；塑料地板的面层空鼓、表面不平整、表面污染等。

产生的原因是：木地板地面的开裂是由于木地板本身的含水率大，而引起地板的收缩变形，造成地板的开裂；木地板地面的起鼓是由于要地板的含水率过小，而吸收空气中的水分，而引起木地板的膨胀，或是由于木地板受潮而引起膨胀，从而引起地板的起鼓；木地板的松动是由于固定地板的木龙骨产生变形或者是地板安装时固定的方法不对而引起的。复合地板地面的表面磨损是由于地板本身的质量不合格或者是由于基层不平整造成局部磨损而引起的；复合地板地面的变形是由于受潮而引起的；塑料地板的面层空鼓是基层表面粗糙，高低不平，造成粘贴的粘结剂不均匀，由于粘贴剂中有挥发性气体，当挥发性气体积累到一定程度时，就会在粘贴的薄弱部位形成起鼓；或是基层含水率大，面层粘贴后，基层内的水分继续向外蒸发，在粘贴的薄弱部位积累引起起鼓；基层表面不干净，有浮灰、油迹等，降低了胶剂的胶结效果。

维修方法是：木地板的开裂可用带色浆的油性腻子在缝隙处进行批嵌，然后再进行油漆；木地板的空鼓、松动可用钉子固定，然后在钉帽处用带色浆的油性腻子进行批嵌，最后刷油漆一至二遍；复合地板的磨损或变形应进行更换；塑料地板的面层空鼓可用针筒吸胶粘剂注入空鼓处进行再粘结处理。

四、地面工程维修的质量要求和检验方法（表6-7、表6-8、表6-9、表6-10）

混凝土地面质量允许偏差　　　　　　表6-7

项次	项 目	允许偏差(mm)			检 查 方 法
		室内地面	路面	独立地面	
1	标高	±15	±20	±20	水准仪检验
2	表面平整	±15	±8	±8	用2m靠尺和塞尺检查
3	轴线位移		±10	±10	用钢尺量检查
4	长/宽		+30/+20	+20/+20	
5	分格间距长/宽	各±10	各±10	各±10	
6	接缝高低差	2	2	2	用直尺和塞尺检查
7	裂缝		不超过1		插法量
8	起壳/mm²		不超过100		敲击

细石混凝土地面质量允许偏差　　　　　　表6-8

项次	项 目	允许偏差(mm)	检 查 方 法
1	标高	10	水准仪检验
2	表面平整	5	用2m靠尺和塞尺检查
3	新旧接槎平整	≤1	用直尺检查

大理石地面质量允许偏差　　　　　　表6-9

项次	项 目	允许偏差(mm)	检 查 方 法
1	表面平整	1	用2m靠尺和塞尺检查
2	缝格平直	2	拉5m通线检查，不足5m拉通线检查
3	接缝高低差	0.5	用直尺和塞尺检查

陶瓷锦砖（马赛克）地面质量允许偏差　　　表6-10

项次	项　目	允许偏差(mm)	检　查　方　法
1	表面平整	2	用2m靠尺和塞尺检查
2	缝格平直	3	拉5m通线检查，不足5m拉通线检查
3	接缝高低差	0.5	用直尺和塞尺检查

第四节　吊顶工程的维修

吊顶工程维修主要是指轻钢龙骨吊顶、木龙骨吊顶的骨架及饰面的维修。

一、轻钢龙骨吊顶饰面的维修

轻钢龙骨是一种新型的吊顶材料，它具有施工简便、操作快、防火性、防水性能好等优点。因而广泛地用于现代装饰工程中。由于种种原因也会产生各种缺陷，维修时应根据产生的原因而分别加以维修。

1. 轻钢龙骨骨架的维修

轻钢龙骨骨架的主要缺陷有：下垂、弯曲、变形等。其产生的原因和维修方法分别是：

(1) 下垂产生的原因主要是：由于施工时没有按照施工规范的要求进行起拱（如跨度为7~9m时，一般按1‰起拱）；或是吊筋不符合施工要求不垂直，任意弯曲等（上人龙骨的吊筋应采用$\phi 8$的钢筋，吊筋长度大于1.5m时应设置反支撑）；吊筋固定不牢固，造成吊筋松动；或主、次龙骨连接松动。

维修的方法是：如果下垂原因是由主龙骨没有起拱引起，应及时调整主龙骨挂件与吊筋的连接螺栓进行起拱；如果下垂原因是由吊筋不符合要求引起的应及时加固吊筋；如果下垂原因是由主、次龙骨的连接不当引起的，则应用主、次龙骨连接件加强主、次龙骨的连接。

(2) 弯曲、变形产生的主要原因是：由于操作人员施工不当，脚踩在龙骨上而损坏龙骨；吊筋间距过大而造成龙骨变形（吊筋间距一般为上人龙骨吊顶1000mm，不上人龙骨吊顶900~1200mm）；龙骨材料质量不符合要求，如规格、壁厚等不符合设计要求。

维修的方法是：龙骨变形、弯曲应及时更换龙骨；吊筋间距过大，应及时增加附加吊筋。

2. 饰面面层的维修

轻钢龙骨饰面材料一般为纸面石膏板。它的主要缺陷有：裂缝、脱落等。其产生的原因和维修方法分别是：

(1) 裂缝产生的主要原因是：由于龙骨变形而引起饰面的开裂；饰面的施工没有按施工规范要求施工；饰面完成以后，其他工种的施工而引起饰面的开裂；或吊顶受潮等引起表面的变形产生裂缝。

维修的方法是：如果是龙骨变形等引起的应先对龙骨进行加固后才能进行表面的维修；裂缝一般产生在板缝处，维修时应先对缝隙进行处理，用裁纸刀把缝隙中的松动的腻子清理干净，然后在缝隙中用专用的接缝腻子垂直于板缝方向批嵌并渗入板缝中，腻子应低于板1mm左右，待腻子干燥后用粘结胶带粘贴在板缝处，最后在胶带上批嵌普通腻子、砂纸打磨直至刷乳胶漆等。

(2) 脱落产生的主要原因是：由于施工时饰面材料与龙骨固定不牢；施工时人为因素等造成饰面的脱落。

维修的方法是：在脱落处重新用自攻螺丝钉加以固定，然后在钉帽处用防锈油漆点刷，再批嵌腻子。

二、木龙骨吊顶饰面的维修

木龙骨是一种传统的吊顶材料，它施工方便，但防火、防水性能差。因而在装饰工程施工中受到许多限制。

（1）木龙骨骨架的主要缺陷有：腐蚀、变形、虫蛀等。

腐蚀、变形、虫蛀产生的原因是：由于环境潮湿或受潮使木龙骨产生腐蚀和变形；由于木龙骨受到白蚁等的蛀蚀而破坏。

维修的方法是：将受破坏的龙骨更换或用新的龙骨加固。并进行适当的防蛀、防腐处理。

（2）饰面面层的维修。

木龙骨饰面材料一般为纸面石膏板和木板。它的主要缺陷有：裂缝、脱落等。其产生的原因和维修方法与轻钢龙骨饰面相同。

三、吊顶工程维修的质量要求和检验方法（见表6-11）

吊顶工程饰面质量允许偏差　　　　　　表6-11

项次	项 目	允许偏差/mm		检 查 方 法
		纸面石膏板	木板	
1	表面平整度	3	2	用2m靠尺和塞尺检查
2	接缝直线度	3	3	拉5m通线检查，不足5m拉通线检查
3	接缝高低差	1	1	用钢直尺和塞尺检查

第五节　门窗的维修

一、木门窗的维修

木门窗的主要缺陷有：变形、翘曲、开裂、损坏、腐朽等。

1. 缺陷产生的主要原因是：

（1）木门窗制作时，木材的含水量过高，没有进行烘干处理而造成门窗的变形、翘曲。

（2）制作过程中施工工艺不当，如质量粗糙、榫接不严密、偷工减料材料断面小因而造成窗扇损坏。

（3）木门窗安装时，门窗框背面和木砖未涂刷防腐油漆，受腐蚀或时间较长后，造成门窗框腐朽。

（4）在安装时四周留缝隙未按要求留设，缝隙过大会造成灰尘、冷风进入室内，缝隙过小木材因空气中的温度、湿度变化而引起的收缩或膨胀，造成门窗扇、框变形，影响使用，直至损坏。

（5）在使用过程中养护不善或使用不当，如油漆剥落，长期无人维修等造成变形或损坏。

2. 维修的方法

（1）对于木门窗的变形、翘曲、几何尺寸发生变化而影响门窗的使用时，不严重时可拆下门窗扇，调正接触面，使其开关灵活，严重的应更换新的门窗扇。

（2）对于门窗扇榫接头松动，应视其情况，在接头处加入粘结胶的木楔，使榫接合挤紧严密，也可用三角形铁片加入固定。

（3）对于因年久失修、局部腐朽的木料，应进行拆除更换。

（4）对于养护不善造成油漆剥落、饰面破坏等，应用腻子修补，再涂刷油漆。

3. 木门窗维修的质量要求

（1）木门窗框、扇制作安装尺寸必须准确，选料和含水率等应符合设计要求和有关规定。榫槽、榫头嵌接应严密；裁口划线、割角、倒棱和坡口应平直；表面应光洁平整或砂磨，不应有刨痕、毛刺和锤印。

（2）门窗安装应垂直、方正、牢固，框与墙的接触面应刷涂防腐油漆，而且必须设置木砖固定。

（3）门窗扇开关应灵活，留缝均匀，关闭严密，五金槽应深浅一致，边缘整齐，小五金安装牢固，位置正确，木螺钉拧入深度应不小于长度的2/3，硬木制品应先用电钻钻孔，然后再拧入木螺钉，木螺钉不得缺少。

（4）木门窗安装质量允许偏差见表6-12。

木门窗安装质量允许偏差　　　　　　　表6-12

项次	项　目		允许偏差（mm）	检　验　方　法
1	门窗扇对口及扇与框间立缝		1.5～2.5	用楔形尺检查
2	框与扇间上缝		1～2	
3	窗扇与窗槛缝		2～3	
4	门窗与地面的间缝	外门	4～5	
		内门	6～8	
		卫生间	10～12	
5	框的正面、侧面垂直度		3	用托线板、尺量检查
6	框对角线长度差		3	用尺量裁口里角检查
7	扇与框接触面平整度		2	用直尺、塞尺检查

二、铝合金门窗的维修

铝合金门窗的主要缺陷有：变形、损坏、表面氧化等。

1. 缺陷产生的主要原因

（1）铝合金门窗在安装前受到挤压或碰撞引起变形。

（2）施工时没有找正位置而急于固定引起变形。

（3）安装时没有采取保护措施，直接使铝合金门、窗框与水泥砂浆或墙体接触，而受到化学物质的侵蚀、污染，造成铝合金表面氧化，脏污痕无法消除，形成门窗外观的缺陷。

（4）铝合金门窗的紧固连接件松动、脱落和密封材料安装不牢或老化、脱落，造成门窗框的变形、损坏等。

2. 维修的方法

（1）对于门框、扇的变形，应拆下进行矫正，严重的应更换新的部件。

（2）安装时应将铝合金门窗框进行包裹，避免施工过程上的污染，如受到污染应先用砂纸打磨，严重的要进行更换。对于表面污染，应及时进行擦拭干净。

（3）由于密封材料的老化、裂缝或磨损而造成的部分出槽或脱落，应更换有损伤的密封材料，对于密封材料的剥离而造成的漏缝，应在剥离部位涂上粘结材料后再铺好。

（4）对于附件和螺栓松动的要及时拧紧，脱落的要进行更换。

3. 铝合金门窗维修的质量要求

(1) 铝合金门窗框的材料应符合设计要求和有关规定要求。

(2) 铝合金门窗框不得于墙体、砂浆直接接触。

(3) 铝合金门窗框表面洁净,无锈蚀现象,无明显划痕和碰伤,涂胶表面光滑、平整、无气孔,镶嵌密封条稳固、不透气、不漏水、隔声性能好。

(4) 铝合金门窗安装质量允许偏差见表6-13。

铝合金门窗安装质量允许偏差　　　　　表6-13

项次	项目		允许偏差(mm)	检验方法
1	门窗框两对角线长	≤2000mm	2	用钢尺量里角检查
		>2000mm	3	
2	门窗框(含拼樘板料)正侧面垂直度		2	用1m托线板检查
3	门窗框(含拼樘板料)的水平度		2	用水平尺和塞尺检查
4	门窗框横框标高		5	用钢板尺检查与基准比较
5	双层门窗内外框扇挺(含拼樘板料)中心距		4	用钢板尺检查

三、塑料门窗的维修

塑料门窗的主要缺陷有:门窗框变形、损坏。

(1) 缺陷产生的主要原因是:

1) 门窗内衬增强型钢设置不合理,有的内衬增强型钢壁厚不够。

2) 有的型钢在型材腔内松旷、空隙大,不能与型材组合受力。

3) 有的少配型钢,分段插入型钢,或没有配型钢。

(2) 维修的方法是:取下重新按要求进行安装。

(3) 塑料门窗维修的质量要求

1) 塑料门窗窗框的材料应符合设计要求和有关规定要求。

2) 塑料门窗框不得于墙体、砂浆直接接触。

3) 塑料门窗窗框表面洁净,无明显划痕和碰伤,涂胶表面光滑、平整、无气孔,镶嵌密封条稳固、不透气、不漏水、隔声性能好。

4) 塑料门窗安装质量允许偏差见表6-14。

塑料门窗安装质量允许偏差　　　　　表6-14

项次	项目		允许偏差/mm	检验方法
1	门窗槽口宽度、高度	≤1500mm	2	用钢尺量里角检查
		>1500mm	3	
2	门窗槽口对角线长度差	≤2000mm	3	
		>2000mm	5	
3	门窗框的正、侧面垂直度		3	用1m垂直检测器检查
4	门窗横框的水平度		3	用水平尺和塞尺检查
5	门窗框横框标高		5	用钢板尺检查与基准比较
6	门窗竖向偏离中心		5	用钢板尺检查
7	双层门窗内外框间距		4	用钢尺检查
8	同樘平开门窗相邻扇高度差		2	用钢板尺检查
9	平开门窗铰链部位配合间隙		+2,-1	塞尺检查
10	推拉门窗扇与框搭接量		+1.5,-2.5	用钢板尺检查
11	推拉门窗扇与竖框平行度		2	用1m水平尺和塞尺检查

第六节　细木作制品的维修

细木作制品主要是指窗帘盒、窗台板、散热器罩、门窗套、护栏、扶手等。它的质量的好坏直接影响到装饰工程的质量。

细木作制品的主要缺陷有：松动、翘曲、开裂、油漆剥落、空鼓、损坏等。

一、缺陷产生的主要原因

（1）细木制品安装时含水率比较高，没有经过干燥处理，经过一段时间以后干燥收缩，引起开裂、翘曲。

（2）细木制品固定时采用的木塞太潮，经过一段时间以后干燥收缩，引起细木制品松动。

（3）细木制品安装时没有按照施工规范要求进行，固定点的间距太大，固定点太少，引起细木制品的变形。

（4）细木制品接缝隙处理不当，如接缝形式、接缝处未用粘结剂等，而引起开裂。

（5）细木制品安装时钉子固定太居中，离边缘太远引起翘曲、变形。

（6）细木制品饰面用粘结剂固定时粘结剂涂刷不均匀，有漏涂或粘结剂质量不合格等引起空鼓。

（7）细木制品受潮或太阳光线直晒时间长、人为破坏等引起油漆剥落。

二、维修的方法

（1）如果是由于含水率高而引起的开裂、翘曲，应先用钉子固定，然后再用腻子在缝隙处批嵌、砂子打磨、再刷油漆。

（2）如果是由于固定的木塞松动引起细木制品的松动，应重新采用其他方式（如膨胀管）加以固定。然后再用腻子在固定处批嵌、砂子打磨、再刷油漆。

（3）如果是由于施工时没有按施工规范操作而引起开裂、变形，应先采取加强措施，然后在缝隙处批腻子、补油漆进行修饰处理。

（4）如果是油漆剥落、空鼓等，应先找出原因，然后再按油漆维修要求进行修补。

（5）如果由于受潮发霉或人为损坏严重，则应更换重新施工。

三、细木制品的安装质量允许偏差见表 6-15、表 6-16、表 6-17。

窗帘盒、窗台板、散热器罩安装的允许偏差　　　　表 6-15

项次	项　目	允许偏差/mm	检 验 方 法
1	水平度	2	用 1m 水平尺和塞尺检查
2	上口、下口直线度	3	拉 5m 线，不足 5m 拉通线用钢直尺检查
3	两端距窗洞口长度差	2	用钢直尺检查
4	两端出墙厚度差	3	用钢直尺检查

门窗套安装的允许偏差　　　　表 6-16

项次	项　目	允许偏差/mm	检 验 方 法
1	正、侧面垂直度	3	用 1m 垂直检测尺检查
2	门窗套上口水平度	1	用 1m 水平尺和塞尺检查
3	门窗套上口直线度	3	拉 5m 线，不足 5m 拉通线用钢直尺检查

护栏、扶手安装的允许偏差　　　　　　　表 6-17

项次	项　目	允许偏差/mm	检 验 方 法
1	护栏垂直度	3	用 1m 垂直检测尺检查
2	护栏间距	3	用钢尺检查
3	扶手直线度	4	拉通线用钢直尺检查
4	扶手高度	3	用钢尺检查

复习思考题

1. 简述抹灰基层空鼓产生的原因和维修方法。
2. 简述油漆流坠、下垂产生的原因和维修方法。
3. 简述油漆漆膜皱纹产生的原因和维修方法。
4. 简述墙纸翻边、翘边产生的原因和维修方法。
5. 简述内墙壁面砖空鼓、脱落产生的原因和维修方法。
6. 简述外墙花岗岩裂缝产生的原因和维修方法。
7. 简述水泥砂浆起砂产生的原因和维修方法。
8. 简述地板地面的常见缺陷的产生原因和维修方法。
9. 简述轻钢龙骨骨架的缺陷及产生原因和维修方法。
10. 简述木门窗的缺陷及产生原因和维修方法。
11. 简述细木作制品的缺陷及产生原因和维修方法。

参 考 文 献

1. 黄志洁,邢家千编. 房屋维修技术与预算. 北京:中国建筑工业出版社,1999
2. 段仲沅,陈振富,赵振华,游猛,甘元初. 环氧树脂修补混凝土构件裂缝技术与效果检测. 北京:《施工技术》杂志2002. 10 第10期:18~19
3. 饶少华,李敬业,朱锦心,傅淑娟. 加固大截面钢筋混凝土柱时若干问题的探讨. 北京:《施工技术》杂志2002. 10 第10期:13~14
4. 徐琳. 结构构件的加固处理措施与施工方法实例. 北京:《施工技术》杂志2002. 10 第10期:10~12
5. 袁定安. 碳纤维布加固梁技术. 北京:《施工技术》杂志2002. 10 第10期:7~9
6. 熊非. 钢筋混凝土柱包粘钢加固技术研究与应用. 北京:《施工技术》杂志2003. 6 第6期:17~19
7. 郭耀杰,陈尚建,杜新喜,张小兰. 预应力下撑式拉杆加固法的改进及应用. 北京:《施工技术》杂志2001. 6 第6期:381~382
8. 王林枫,田涌,张兴度,吴照海. 用加大截面法加固高层建筑框架梁柱. 北京:《施工技术》杂志2004. 6 第6期:46~47
9. 陈再学. 单层工业厂房抽柱改造设计与施工. 北京:《施工技术》杂志2003. 6 第6期29~30
10. 王怀珍,吴国平主编. 建筑力学与结构基础. 北京:高等教育出版社,2002
11. 曾祥延主编. 房屋结构与房屋维修. 北京:中国轻工业出版社,2001
12. 刘群主编. 房屋维修与管理. 北京:高等教育出版社,2003
13. 陆云主编. 房屋修缮与预算. 北京:高等教育出版社,2003
14. 沈德建. 锈蚀钢筋混凝土结构修补方法. 北京:《施工技术》杂志2004. 8 第8期66